国家出版基金项目
NATIONAL PUBLICATION FOUNDATION

青少年太空探索科普丛书（第3辑）

跟着羲和号 去逐日

郑建川　曾跃鹏　著

东指羲和能走马，

海尘新生石山下。

—— 出自〔唐〕李贺《天上谣》，我国的首颗太阳探测
科学技术试验卫星命名为"羲和"。

知识产权出版社
全国百佳图书出版单位
—北京—

图书在版编目（CIP）数据

跟着羲和号去逐日 / 郑建川 , 曾跃鹏著 . — 北京 : 知识产权出版社 , 2023.12

（青少年太空探索科普丛书 . 第 3 辑）

ISBN 978-7-5130-9010-0

Ⅰ . ①跟… Ⅱ . ①郑… ②曾… Ⅲ . ①太阳探测器—青少年读物 Ⅳ . ① V476.4

中国国家版本馆 CIP 数据核字（2023）第 238778 号

内容简介

　　本书聚焦我国首颗太阳探测科学技术试验卫星——羲和号，讲述了人类探测太阳的历史，各种太阳活动的特征及表现形式，灾害性空间天气对人类生活的影响及预防措施，太阳的起源、成长和归宿，同时将理论与实践相结合，介绍了太阳和极光观测、星空摄影等相关内容。

项目总策划：徐家春

责 任 编 辑：徐家春　许　波　　　**执 行 编 辑：**赵蔚然

版 式 设 计：索晓青　崔一凡　　　**责 任 印 制：**孙婷婷

青少年太空探索科普丛书（第 3 辑）

跟着羲和号去逐日　GENZHE XIHEHAO QU ZHURI

郑建川　曾跃鹏　著

出版发行　知识产权出版社 有限责任公司		**网　　址：** http://www.ipph.cn	
电　　话：010-82004826		http://www.laichushu.com	
社　　址：北京市海淀区气象路 50 号院		**邮　　编：**100081	
责编电话：010-82000860 转 8573		**责编邮箱：**823236309@qq.com	
发行电话：010-82000860 转 8101		**发行传真：**010-82000893	
印　　刷：北京中献拓方科技发展有限公司		**经　　销：**新华书店、各大网上书店	
开　　本：787mm×1092mm　1/16		**印　　张：**10.25	
版　　次：2023 年 12 月第 1 版		**印　　次：**2023 年 12 月第 1 次印刷	
字　　数：152 千字		**定　　价：**69.80 元	

ISBN 978-7-5130-9010-0

青少年太空探索科普丛书（第 3 辑）
编辑委员会

总　序

把科学精神写在祖国大地上

习近平总书记指出："科技创新、科学普及是实现创新发展的两翼，要把科学普及放在与科技创新同等重要的位置。没有全民科学素质普遍提高，就难以建立起宏大的高素质创新大军，难以实现科技成果快速转化。"党的十八大以来，党中央高度重视科技创新、科学普及和科学素质建设，全面谋划科技创新工作，有力推动科普工作长足发展，科普工作的基础性、全局性、战略性地位更加凸显，全民科学素质建设的保障功能更加彰显。

新时代新征程，科普工作要把培育科学精神贯穿培根铸魂、启智增慧全过程，使创新智慧充分释放、创新力量充分涌流，为推动我国加快建设科技强国、实现高水平科技自立自强提供强大的智力支持。

要讲好科学故事

党的十八大以来，党中央坚持把创新作为引领发展的第一动力，我国的科技事业实现历史性变革、取得历史性成就。中国空间站转入应用与发展阶段，"嫦娥"探月，"天问"探火，"羲和"逐日……这些工程在国内外产生了巨大影响。现在，我国经济总量上升到全球第二位，科学技术、文化艺术位居世界前列，正在向第二个百年奋斗目标奋勇前进。

在全面蓬勃发展的大好形势下，加强对青少年的科学知识普及，更好地激发他们热爱祖国、热爱科学、为国家科技腾飞而努力学习的远大理想，是当前的重要任务。科普工作者要紧紧围绕国家大局，用事实说话，用数据说话，讲清楚科技领域的中国方案、中国智慧，为服务经济社会发展、加快科技强国建设提供强大力量。要讲明白我国科技发展的过去、现在和未来。任何科技成就的取得都不是一蹴而就的，中华文明绵延数千年，积累了丰富的科技成果，这是我们宝贵的文化遗产。今天的我们要讲清楚中华文明的"根"与"源"，讲明白"古"与"今"技术进步的一脉相承，讲透彻中国人攀登科学高峰时不屈不挠、团结奉献的品格。

要弘扬科学精神

在中国共产党领导下，我国几代科技工作者通过接续奋斗铸就了"两弹一星"精神、西迁精神、载人航天精神、科学家精神、探月精神、新时代北斗精神等，这些精神共同塑造了中国特色创新生态，成为支撑基础研究发展的不竭动力，助力中华民族实现从站起来到富起来，再到强起来的伟大飞跃。

科学成就的取得需要科学精神的支撑。弘扬科学精神，就是要用科学精神

总　序

感召和鼓舞广大青少年，引导青少年牢固树立为国家科技进步而奋斗的学习观，自觉将个人成长融入祖国和社会的需要之中，在经风雨中壮筋骨，在见世面中长才干，逐渐成长为可以担当民族复兴重任的时代新人。

要培育科学梦想

好奇心是人的天性，是提升创造力的催化剂。只有呵护孩子的好奇心，激发孩子的求知欲望，为孩子播下热爱科学、探索未知的种子，才能引导他们勇于创新、茁壮成长，在未来将梦想变成现实。

科普工作要主动聚焦服务"双减"背景下的中小学素质教育，鼓励青少年主动学习科学知识、积极探究科学奥秘。要遵循青少年身心发展规律和对知识的接受规律，帮助青少年开阔视野，增长知识。更重要的是，要注重传授正确的学习方法，帮助孩子树立正确的科学思维，让孩子在快乐体验中学以致用，获得提高。

我们欣喜地看到，知识产权出版社在科普出版方面做了有益尝试，取得了丰硕成果。在出版科普图书的同时，策划、组织、开展了一系列的公益科普讲座、科普赠书等活动，得到广大青少年、老师家长、业内专家、主流媒体的认可。知识产权出版社策划的青少年太空探索系列科普图书，从不同角度为青少年介绍太空知识，内容生动，深入浅出，受到了读者欢迎。

即将出版的"青少年太空探索科普丛书（第 3 辑）"，在策划、出版过程中呈现出诸多亮点。丛书紧密聚焦我国航天领域的尖端科技，极大提升了中华儿女的民族自豪感；在讲解知识的同时，丛书也非常注重对载人航天精神和科学家精神的弘扬，努力营造学科学、爱科学、用科学的社会氛围；丛书在深入挖掘中华优秀传统文化方面做了有益尝试，用新时代的语言和方式，讲清楚中国人的宇宙观，讲好中国人的飞天梦、航天梦、强国梦，推进中华优秀传统文化创造性转化、创新性发展；同时，丛书充分发挥普及科学知识、传播科学思想、倡导科学方法、弘扬科学精神的作用，努力提升青少年读者的科学素养和全社会的科学文化水平。

　　"航天梦是强国梦的重要组成部分。"当前，我国航天事业发展日新月异，正向着建设航天强国的伟大梦想迈进。"青少年太空探索科普丛书（第 3 辑）"体现了出版人在加强航天科普教育、普及航天知识、传播航天文化过程中的使命与担当，相信这套丛书必将以其知识性、专业性、趣味性、创新性得到广大读者的喜爱，必将对激发全民尤其是青少年读者崇尚科学、探索未知、敢于创新的热情产生深远影响。

欧阳自远

2023 年 10 月 31 日

出版说明 ✦

党的二十大报告指出："全面建设社会主义现代化国家，必须坚持中国特色社会主义文化发展道路，增强文化自信，围绕举旗帜、聚民心、育新人、兴文化、展形象建设社会主义文化强国。"出版工作的本质是文明传播和文化传承，在服务国家经济社会发展，助力文化自信，构建中华民族现代文明进程中肩负基础性作用，使命光荣，责任重大。

知识产权出版社始终坚持社会效益优先，立足精品化出版方向，经过四十多年发展，现已形成多学科、多领域共同发展的格局。在科普出版方面，锻造了一支有情怀、有创造力、有职业精神的年轻出版队伍，在选题策划开发、图书出版、服务社会科普能力建设等方面做出了突出成绩，取得了较好的社会效益。以"青少年太空探索科普丛书"为例，我们在"十二五""十三五""十四五"期间，分别策划了第 1 辑、第 2 辑和第 3 辑，每辑均为 10 个分册，共计 30 册，充分展现了不同阶段我国航天事业的辉煌成就，陪伴孩子们健康成长。

"青少年太空探索科普丛书（第 3 辑）"是我社自主策划选题的一次成功实践。在项目策划之初，我们就明确了定位和要求，要将这套丛书做成展现国家航天成就的"欢乐颂"、编织宇宙奇幻世界的"梦工厂"、陪伴读者快乐成长的"嘉年华"，策划编辑团队要在出版过程中赋予图书家国情怀、科学精神、艺术底色，展现中国特色、世界眼光、青年品格。

本书项目组既是特色策划型，又是编校专家型，同时也是编印宣综合型。在选题、内容、形式等方面体现创新，深入参与书稿创作，一体推动整个项目的质量管理、进度管理、创新管理、法务管理等。

项目体量大、要求高，各项工作细致繁复，在策划、申报、出版各环节，遇到诸多挑战。但所有的困难都成为锻炼我们能力的契机。我们时刻牢记国家出版基金赋予的光荣与梦想，心怀对读者的敬意，以"能力之下，竭尽所能"的忘我精神，以"天下难事，必作于易；天下大事，必作于细"的工匠精神，逐一落实，稳步推进，心中的那道光始终指引我们，排除万难，高歌前行。

　　感谢国家出版基金对本套丛书的资助，感谢中国科学技术馆、哈尔滨工业大学、北京师范大学、深圳市天文台、北京天文馆、郭守敬纪念馆、北京一片星空天文科普促进中心等单位对本套丛书的大力支持，感谢国家天文科学数据中心许允飞等对本套丛书提供的无私帮助，感谢张凤霞老师、王广兴等对本套丛书给予的帮助。

　　希望这套精心策划的丛书能够得到读者的喜爱，我们也将始终不忘初心，继续为担当社会责任、助力文化自信而埋头奋进。

知识产权出版社党委书记、董事长、总编辑　刘　超

2023 年 12 月 4 日

目 录

■太阳神鸟

　　金沙遗址博物馆的太阳神鸟，代表了中国古人对太阳的崇拜。古人认为太阳里住着金乌，这可能是人类对太阳黑子最早的观测印象。本页图表现了金乌负日，衔热量而出，幻化为中国文化史上具有代表性的各种鸟类意象，如关雎、白鹭、大鹏，将太阳的热量传递到地球的山川大河。

第一章

羲和号
扬帆探日

1 羲和号是干什么的

2021 年 10 月 14 日，是我国太阳物理空间探测历史上的重要时刻，太原卫星发射中心采用长征二号丁运载火箭，成功发射了太阳 Hα（氢阿尔法）光谱探测和双超平台科学技术试验卫星——羲和号，其英文名称是 Chinese Hα Solar Explorer，缩写为 CHASE。羲和号的成功发射开启了中国空间太阳探测的新篇章。在此之前，我国一直没有自主的太阳专用探测卫星，研究太阳大多使用美国、欧洲、日本等国家和地区发射的卫星所获得的观测资料，因此，作为中国首颗空间太阳探测卫星，羲和号迈出了中国空间太阳探测的重要一步。

羲和，是我国上古神话中的太阳神，是天帝帝俊的妻子，居住在东海的扶桑树上，生了十个太阳，因此，最初神话中羲和是太阳的母亲，是太阳崇拜中至高无上的神。后来，羲和又演变为给太阳驾车的神，每个太阳每天轮流乘坐羲和驾驭的马车到天空执勤，照耀大地。有一天，十个太阳同时出现在天空，给世界带来了灾难。为了拯救人类，后羿射落了九个太阳，只留下一个太阳继续给大地带来光和热。这也是"羲和号"取名的寓意——"效法羲和驭天马，志在长空牧群星"，它带着中华民族探索太阳奥秘的使命进入了太空。

■ 羲和女神

■ 公元 147 年武氏墓群石刻拓印

　　羲和站在扶桑树旁，正把太阳车套到龙马上，后羿张弓瞄准金乌。

　　20 世纪初，人类首次使用光谱仪和滤光片观测太阳。太阳 Hα 图像通常是通过地面望远镜观测的，因此受到地球大气层的视宁度和天气的影响。羲和号卫星的发射，在国际上首次实现了太阳 Hα 波段光谱成像的空间探测，提高了我国在太阳物理，特别是空间太阳领域的研究能力，对我国空间科学探测及卫星技术发展具有重要意义。羲和号卫星的主要科学载荷为太阳空间望远镜，质量约

508 千克，设计寿命 3 年，运行在高度为 517 千米，倾角为 98°
的太阳同步轨道上，能够 24 小时连续对太阳进行观测。之前我们
在地面观测太阳 Hα 谱线，受大气干扰，探测数据不连续、不稳
定，很难实现对太阳长期不间断的观测。

羲和号能对太阳进行高分辨率成像，46 秒内就能获得全日面
1 600 万个点上的光谱，在 300 余个波长点上同时获得色球层和
光球层的二维图像，可以更加准确地获得太阳爆发时的大气温度、
速度等物理量的变化数据，进而建立太阳爆发从光球层到日冕层
的完整物理模型。当前太阳正处于第 25 太阳活动周，羲和号有望
获得有国际影响力的科学产出，显著提高我国在太阳物理领域的
国际影响力。

身处太阳系之中，人类无法不对给地球带来光明与能量的太
阳产生好奇并进行探索。我国早在汉成帝河平元年（公元前 28 年）
就有了肉眼观测太阳黑子的记录。人类对太阳进行系统观测始于
1610 年，即伽利略发明天文望远镜的第二年，人类开始用望远镜
观测和记录太阳黑子，开启了太阳科学观测的时代。从世界范围来
看，自 20 世纪 60 年代以来，随着航天技术的快速发展，全世界
已经发射了 70 多颗太阳观测卫星，对太阳结构、磁场、黑子、日
珥、耀斑和日冕物质抛射等进行综合观测和抵近观测。

我国作为航天大国，开展太阳探测活动十分必要。截至 2023
年年底，我国在轨的两个太阳探测任务，分别是"羲和"探测计划
和"夸父"探测计划。"夸父"探测计划是研制发射先进天基太阳
天文台卫星，夸父一号已于 2022 年 10 月 9 日在我国酒泉卫星发

射中心成功发射升空。我国的太阳探测发展计划和探月工程一样也制定了"三步走"战略：先进行黄道面内多视角探测，然后进行大倾角太阳极区探测，再进行太阳抵近观测，以进一步了解太阳构造，确定太阳活动的三维结构，掌握其机理和活动规律，从而造福人类。

■ 夸父神图

　　出自《古今图书集成》。

2

人类观测太阳的历史

人类观测太阳经历了从肉眼、望远镜到空间探测的过程，从古巴比伦人把日食记录在石碑上开始，到现代人们近距离研究太阳，捕捉太阳粒子，探测磁场，太阳的秘密正不断被人类揭开。当然，在这个过程中，每一代的科学家为了获得新知，经历了各种曲折，有许多故事，也有一个个重大发现，由此也带来了各种新的与太阳相关的问题，等待我们去解答、去探索。

现在，我们一起回顾一下太阳科学发展的相关历史，相信你会有所感悟。

前 1375 年

古巴比伦人用石碑记录日食。

前 800 年

《周易·丰卦》中有"日中见斗"和"日中见沫"的说法，"斗"和"沫"可能是最早的太阳黑子记录。

150 年

托勒玫在《天文学大成》中提出了"地心说"，描述了一个太阳、行星和其他恒星围绕着地球转动的宇宙。

1543 年

哥白尼出版《天体运行论》，提出"日心说"模型，即太阳代替地球位于宇宙中心。

1608 年

望远镜的发明

1608 年，荷兰米德尔堡眼镜师汉斯·利珀希造出了世界上第一架望远镜。一次，两个小孩在他的眼镜店门前玩弄几片透镜，他们通过前后两块透镜看远处教堂上的风标，两人的惊叹声引起了利珀希的注意。利珀希拿起孩子手里的两片透镜，学着他们的样子去看，发现远处的风标放大了许多。利珀希跑回眼镜店，把两块透镜装在一个筒子里，经过多次试验，利珀希发明了可以把远处物体放大的"光管"。

1609 年

伽利略用望远镜观测天空

1609 年，意大利天文学家伽利略听说此事后，经过研究独立制成一架口径 4.4 厘米，长 1.2 米，放大率 32 倍的望远镜。伽利略并没有将望远镜用来观察地面的物体，而是将望远镜对向了头顶的星空。很快，他就发现银河原来是由数不清的星星组成的；月亮并不是亚里士多德所说的那样完美，而是有山有谷；木星有 4 个围绕着它运转的卫星，而不是地心说主张的那样，所有天体都围绕地球运行。他的这一举动彻底改变了之前天文学家用肉眼来观察天空的历史。伽利略自制的望远镜所放大的倍率在今天看来小得可怜，在人类科学史上却引发了一场革命。从那以后，望远镜口径的每一次增大，都拓宽了人们认识宇宙的眼界。

■ 伽利略在给威尼斯总督展示如何使用望远镜

1610 年

伽利略用望远镜观测太阳黑子

1610 年前后，伽利略开始用望远镜追踪太阳上的神秘黑点。刚开始，伽利略只有在日出和日落时才能用望远镜观测太阳，以防阳光通过望远镜后对眼睛造成伤害。后来，他发明了投影法，就可以随时观测太阳了。

1610 年

来自太阳的"天风"

1610 年 4 月 19 日，在给伽利略的一封信中，开普勒提出假设——彗星的尾巴是由来自太阳的"天风"吹出来的。开普勒的这一假设预言了 300 多年后发现的太阳风。

1611 年

法布里奇乌斯观测到太阳上有黑点，黑点在日面上移动表明太阳有自转。

1613 年

伽利略在《论太阳黑子》一文中证明了这些黑点是太阳自身的物理特征，而非从太阳前面飘过的行星。观测到太阳有变化且不完美，对亚里士多德时代以来盛行的"太阳是一个完美无瑕的球体"的观点提出了挑战。

1645—1715 年

太阳黑子近乎消失

天文学家观测到这 70 年间太阳黑子数量异常少，这段时期后来被称为"蒙德极小期"，以纪念安妮·蒙德和沃尔特·蒙德夫妇对太阳黑子位置随时间变化的研究。

1802 年

英国科学家沃拉斯顿注意到，透过棱镜的阳光中有神秘的黑线。

1817 年

德国物理学家夫琅和费再次独立发现了暗的"谱线"，开始对它们进行标识和系统研究。

1842 年

认识太阳大气层

1842 年 7 月 8 日，英国天文学家贝利观测意大利日食后，认为太阳外面的神秘薄雾是太阳大气，后被称为日冕。

1843 年

太阳黑子周期的发现

德国天文学家施瓦贝对太阳进行了 17 年的观测研究后，发现了太阳黑子周期：太阳黑子平均数量会先增加后减少，形成周期性变化。施瓦贝最初估计这个周期是 10 年（后来确定是 11 年）。

1859 年

德国物理学家基尔霍夫发现，每个元素都有各自独特的谱线，通过实验证明了夫琅和费光谱中对应实验室钠元素光谱的暗线，意味着太阳中存在和地球上相同的钠元素。光谱学成为确定远距离天体构成的工具。

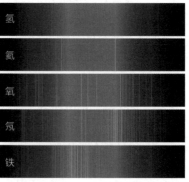

■ 不同元素的光谱

1859 年

卡林顿事件

1859 年 9 月 1 日，英国天文学家卡林顿用望远镜观察太阳时，注意到太阳表面突然变亮。17 个小时后，地球上南至古巴都看到了极光，整个西方世界的电报系统都出现故障，有的着火，还有运营商受到电击，这就是"卡林顿事件"。后来人们知道了这是太阳耀斑引起的罕见现象。此后 50 多年来再也没有观测到类似事件。这也是第一个有文献记载的、与日冕物质抛射（Coronal Mass Ejection，CME，指太阳带电粒子在太阳爆发中被抛射出来）有关的地磁风暴案例。

1868 年

氦元素的发现

1868 年，法国天文学家让森在日食期间探测到一条未知的光谱线。后来科学家又观测到这条谱线，将产生这条谱线的新化学元素命名为氦（来自希腊语"helios"，意思是太阳）。

1869 年

发现日冕神秘的谱线

1869 年，美国天文学家杨和哈克尼斯观测日全食时，发现一条波长为 530.3 纳米的不寻常的绿色发射线，它与地球上已知的元素都对应不上。由于在此之前已经发现了氦，科学家们推断这条谱线来自新元素——冕。

70多年后，科学家才认识到这条异常的谱线是由已知的元素在极其高温下产生的。这一发现引出了日冕的极端高温的新问题。

1908 年

太阳磁场

美国天文学家海尔注意到，太阳黑子附近的谱线有塞曼效应现象，即在强磁场的作用下谱线发生分裂。同时，他发现太阳黑子的磁场强度是地磁场的1 000多倍。随后10年里，海尔和同事发现太阳黑子数量变化（太阳周）反映了太阳磁场的大尺度变化过程。大约每22年（太阳黑子数变化周期的2倍）太阳的磁极就会发生反转。

1919 年

日食证实了相对论

1919年5月29日，英国天文学家爱丁顿爵士在日食期间观测到星光在太阳边缘弯曲的现象，证实了广义相对论的一个关键预测，让爱因斯坦一夜成名。

早在1915年，爱因斯坦写出了广义相对论引力场方程。此时，爱因斯坦基本上把这里面的数学问题都搞清楚了，剩下没解决的问题，就是需要用物理实验来验证这个理论的正确性。这时的爱因斯坦在德国科学界已经有一定的知名度，但在英、美等国家还没有学术影响力。1916年，爱因斯坦把自己写的德文版《广义相对论基础》单行本交给了他的朋友——荷兰莱顿大学的德西特教授。德西特教授是英国皇家天文学会的秘书，所以德西特随后把论文寄给了英国剑桥大学的爱丁顿教授。

爱丁顿尽管还不认识爱因斯坦，但他一眼就看出，如果这篇论文的结论是正确的，那么它将具有划时代的意义。但当时英国反德情绪严重，无法发表一篇德文报告，于是爱丁顿就让德西特写了一系列文章来介绍爱因斯坦的理论，并发表在皇家天文学会的会刊上。

■■ 爱丁顿拍摄的日食照片

光线本来是沿着直线传播的，但是，在弯曲时空中，光线也会偏折——类似光线在水面附近的折射，只是偏折的物理机制不同。远方的星光在路过太阳的时候会被太阳的引力场所弯曲，而这是可以通过做实验来检验的。

1919年，爱丁顿抓住日全食的机会，带领天文学家利用日全食的星光照片进行研究，并宣称他们精确测量了光经过太阳附近的偏折角，从而证明了广义相对论是正确的，随即把爱因斯坦送上了神坛。

1931年

日冕仪的发明

法国天文学家李奥发明了日冕仪，通过安装金属圆盘切断来自光球的光线，日冕仪上的照相机便能拍下日冕的照片。科学家第一次可以在不用等待自然日食的情况下看到并研究日冕。

1942年

日冕加热问题引起人们关注

1942年7月，瑞典天文学家埃德伦指出，之前观测到的日冕中的异常谱线实际上来自失去了13个电子的铁。铁只有在上百万摄氏度的极高温度下才会失去13个电子，这温度比太阳光球层的5 500摄氏度高得多。埃德伦的发现引发了我们现在所说的日冕加热问题：太阳大气的温度为什么比表面温度更高？

1946 年

在地球上探测到太阳高能粒子

华盛顿卡内基研究所的物理学家福布什在监测入射高能粒子的速率时发现一个尖峰，此时是太阳耀斑发生后不久。这是第一次在地球上探测到太阳的高能粒子（质子）。福布什的发现表明近地空间环境受太阳活动变化的影响。

1955 年

太阳周围的磁泡

加州理工学院的理论物理学家戴维斯提出了日球层的概念：一个围绕太阳的巨大磁泡。随着太阳活动的增加，磁泡变大，击退来自深空的宇宙射线，不让它们到达地球。

事实证明，太阳周围磁泡的假设是正确的，它是由来自太阳的持续粒子流形成的，目前这些粒子是怎么从太阳流出的尚不清楚。

1958 年

NASA 成立，开展太阳探测计划

1958 年 7 月 29 日，艾森豪威尔签署了《美国国家航空和太空法》。1958 年 10 月 1 日，美国国家航空航天局（NASA）正式成立。科学家提出一系列未来任务，包括使用在水星轨道内运行的太阳探测器，测量太阳附近的粒子和磁场环境。

1958 年

尤金·帕克预测太阳风

1958 年 11 月，尤金·帕克发表论文提出，炽热的太阳大气层从太阳向四周不断膨胀，形成了太阳风。太阳风吹起日球层的"磁泡"，也就是戴维斯在 1955 年提出的假设。同时，太阳风会携带磁场。由于太阳风直接向外传播的同时，太阳在持续旋转，所以磁力线会弯曲成一种扭曲的舞裙式形状，后来被称为帕克螺旋。然而，帕克只是从理论上预言了太阳风，当时还没有人直接探测到太阳风。

1959 年

证实太阳风的存在

1959 年 1 月 2 日，苏联的月球 1 号卫星顺利升空，这是第一颗离开地球轨道的航天器，进入地磁场以外的行星际空间进行探险。它在行星际空间探测到大量高速热粒子流。3 年后，NASA 的水手 2 号在前往金星的途中证实了这些观测结果。因此，毫无疑问，太阳风是存在的。

1962—1975 年

轨道太阳观测台发射升空

轨道太阳观测台（Orbiting Solar Observatory，OSO）是 1962 年到 1975 年，美国发射的一组研究太阳和太阳活动的人造卫星，共 8 颗，装有日冕仪、单色光照相仪、紫外和 X 射线光谱仪、光度计、γ 射线探测器和粒子探测器等仪器。

1967 年

发现太阳大气层在旋转

科学家知道恒星在自转，那么它们的大气也跟着在自转吗？加州理工学院的韦伯和戴维斯发表了一篇论文，提出恒星的大气层是随着它们的表面旋转的。当它们的大气层顶被吹落进入恒星风时，恒星会失去角动量，自转速度迅速减慢。这就可以解释为什么宇宙中所有的恒星观测到的自转速度都比预期的要慢。这一想法很有意思，并且可以得到实测，但之前没有对太阳大气层的旋转的观测记录。于是，一场长达数十年的太阳日冕旋转观测开始了。

1971 年

第一次观测到日冕物质抛射

1971 年 12 月 14 日，华盛顿海军研究实验室的图西在查看轨道太阳观测 7 号卫星（OSO-7）的日冕仪观测数据时，发现图像上有个不寻常的亮点，他担心摄像机失灵了。但在随后的图像中，他发现亮点在远离太阳，因此他意识到自己观测到了日冕物质抛射。在 20 世纪 60 年代，人们就预测了与太阳磁场相关的爆发，但从未在太空中观测到过。与持续外流的太阳风不同，日冕物质抛射是高速粒子爆发，极具危险性。

1974 年、1976 年

太阳神号探测器飞往太阳

太阳神 1 号和太阳神 2 号探测器分别于 1974 年 12 月 10 日和 1976 年 1 月 15 日发射。它们都围绕太阳运行，直到 1985 年还都在深入研究太阳。1976 年 4 月 17 日，太阳神 2 号成为第一艘进入水星轨道的航天器，它与太阳的距离不到日地距离的 1/3。太阳神任务观测到离太阳越近，太阳风变化就越大，极大地加深了人类对太阳风在到达地球之前的现象的理解。

1980 年

太阳极大 [年] 使者发射升空

太阳极大 [年] 使者（Solar Maximum Mission，SMM）由美国和欧洲合作研制，于 1980 年 2 月发射，载有日冕仪、偏振计、X 射线光谱仪、γ 射线光谱仪、太阳常数测定计等。SMM 超期运行到 1989 年 11 月。

1990 年

尤利西斯号探测器发射升空

尤利西斯号探测器（Ulysses）是 NASA 和 ESA 联合研制的一颗太阳探测器，目的是研究太阳的性质，加深对太阳风、太阳极区及行星际磁场等方面的了解。探测器于 1990 年 10 月 6 日由发现号航天飞机发射升空。

1994 年

风太阳探测器探测太阳风

1994 年 11 月 1 日，NASA 的风太阳探测器（WIND）发射成功，它首先到达位于太阳和地球之间的 L1 拉格朗日点，这里不受地磁场保护，然后运行到地球另一边的 L2。在这两个点，探测器对太阳风进行了截至当时最高时间分辨率的观测，从而揭示了太阳风中一系列新的波粒相互作用。

1995 年

太阳和日球层探测器发射升空

1995 年 12 月 2 日，ESA 和 NASA 合作的太阳和日球层探测器（Solar and Heliospheric Observatory，SOHO）发射。利用 SOHO 数据，海军研究实验室的希利识别出了从盔状流（大的盔状日冕结构）顶部缓慢逃逸的巨大太阳风气泡，也就是从太阳边缘流入太空的巨大的、明亮的环状结构。

2006 年

日地关系观测台发射升空

2006 年 10 月 25 日，NASA 发射了 2 颗日地关系观测台（Solar TErrestrial RElations Observatory，STEREO），分别在地球前面和后面绕太阳运行。结合有利位置，它们首次获得太阳的 360° 全景图像。

2010 年

太阳动力学天文台发射升空

2010 年 2 月 11 日，NASA 的太阳动力学天文台（Solar Dynamics Observatory，SDO）被发射到地球静止轨道上，在 10 个极紫外波段持续观测太阳，每 10 秒拍摄一张图像。

2018 年

帕克太阳探测器发射升空

2018 年 8 月 12 日，NASA 的帕克太阳探测器（Parker Solar Probe，PSP）从佛罗里达州的卡纳维拉尔角发射升空，这是 NASA 的第一颗以在世的人（尤金·帕克，1927—2022）命名的探测器。

2018 年 10 月 29 日，帕克太阳探测器超越了 1976 年太阳神 2 号探测器创下的纪录，成为离太阳最近的探测器。大约 10 小时后，它也成了最快的航天器，超过了太阳神 2 号创下的纪录。

2020 年

环日轨道器发射升空

2020 年 2 月 10 日，ESA 和 NASA 的环日轨道器（Solar Orbiter，SolO）发射升空，它的发射升空路径在黄道平面外。黄道平面是环绕太阳赤道的空间，所有行星和几乎所有的空间任务都在黄道平面内运行。从黄道上方 24° 的这个有利位置，SolO 获得太阳自上而下的视图，首次捕捉到太阳的北极和南极的图像。它的 10 套仪器记录了以前从未观测到的磁场环境，这为了解太阳 11 年的太阳活动周期和太阳风暴的周期性爆发提供了关键资料。

2021 年

羲和号发射升空

2021 年 10 月 14 日，我国的太阳 Hα 光谱探测和双超平台科学技术试验卫星（Chinese Hα Solar Explorer，CHASE），即羲和号卫星在太原卫星发射中心顺利升空，开启了中国空间太阳探测的时代。

2022 年

夸父一号发射升空

2022 年 10 月 9 日，我国在酒泉卫星发射中心采用长征二号丁型运载火箭，成功将先进天基太阳天文台夸父一号发射升空，卫星顺利进入预定轨道，发射任务取得圆满成功。

3 太阳是一颗什么星

太阳是如此简单，除了光和热，似乎也没给我们什么，它是如此司空见惯地东升西落。尽管太阳表面看起来一成不变，其实它有着令人难以置信的活力。它的大气层不断翻滚变化，变化时间有长有短，短的几秒，长的达几个世纪。太阳是驱动地球天气、气候和生命的主要能量来源，如果没有太阳，地球上就不会有生命。太阳又是如此神奇，如果太阳热一点、冷一点、大一点、小一点，可能就没有人类了。太阳的能量传播得很广，它既可以把能量辐射到地球上，也能辐射至遥远的冥王星和飘荡的彗星上。太阳是太阳系中唯一的恒星，也是唯一的能源基地。八大行星、矮行星、小行星、彗星、尘埃，都围绕着太阳在各自的轨道上旋转。

■ 太阳系的主要天体
天体之间距离未按比例划分。

　　太阳在银河系中毫不起眼，只是约 2 000 亿颗恒星中普通的一颗。如果说它特别，只是因为它距离我们非常近，距离太阳最近的恒星——比邻星距离地球约 4.22 光年，而太阳距离地球仅 8.3 光分。人类所有的天文知识中有很大一部分来源于现代对太阳的研究——从太阳内核中看似无限的能量生成，到太阳大气中令人惊叹的复杂活动。

　　虽然太阳变成红巨星，进而变成白矮星要到几十亿年后，但是太阳在更小的时间尺度上也有变化（尽管没有那么剧烈）。习惯上把太阳上的现象分为宁静和活动两类。宁静的太阳可以看作是一个稳态的球对称等离子体球。活动的太阳包括一系列瞬态现象，如太阳黑子、日珥、耀斑和日冕物质抛射，这些现象都和磁场有关。

　　太阳的这种分类方法虽然在更广的视角上有一定的局限性，例如宁静的太阳大气也明显受到磁场的影响，演化的米粒和超米粒内外就有磁场网络结构，太阳高层大气的加热也跟磁场脱离不了关系，但研究者一般默认这种分类。

　　太阳的直径约为 140 万千米，是地球直径的 109 倍左右，体积是地球的 130 万倍；质量约 2.0×10^{30} 千克，约为地球质量的 33.2 万倍；含氢 71%，氦 27%，其他元素 2%，主要为碳、氮、氧和各种金属。通过质量和体积可以推导出太阳的平均密度约为 1 400 千克 / 米^3，与类木行星的密度非常类似，是地球平均密度的 1/4。太阳的中心密度为 148 000 千克 / 米^3，表层密度仅为 8×10^{-5} 千克 / 米^3。

太阳系共有 8 颗行星、185 颗卫星（截至 2018 年），还有许多矮行星、小行星和其他小天体，太阳系中处于主宰地位的就是太阳。太阳的质量占整个太阳系总质量的 99.86%。

太阳加油站：黄道光

通常，生活在低纬度和中纬度地带的人，会在春季黄昏后西方的地平线上，或秋季黎明前东方的地平线上，看到淡弱的三角形光锥，这就是黄道光。黄道光主要是由于行星际尘埃对太阳光的散射形成的，因此黄道光的光谱与太阳光的光谱极为相似。行星际尘埃粒子是小行星被撞碎或彗星瓦解后的产物，它们基本上散布在黄道平面及其近旁，所以黄道光也就大致沿着黄道面伸展。此外，也有一小部分黄道光是由分布在行星际空间的电子云散射形成的。

■ 黄道光

地球绕太阳转动的轨道是一个椭圆的轨道，历史上，人们把日地平均距离作为一个基本单位——天文单位，符号为 AU。2012 年的第 28 届国际天文学联合会将天文单位定为 149 597 870.7 千米，那么光走过一个天文单位所需时间为 499.004 782 秒，也就是说光从太阳传到地球大约需要 8 分 19 秒，从太阳传到太阳系最外层的行星——海王星，大约需要 4 小时 09 分，海王星距离太阳约 30 个天文单位或约 45 亿千米。

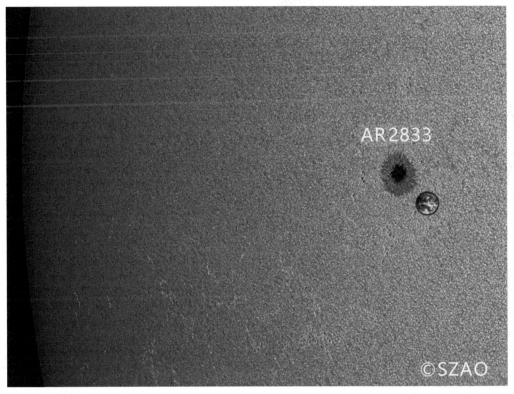

■ 太阳黑子与地球对比图

图中包含一颗比地球还要大的黑子，可以直观感受到太阳和地球的大小关系。我们人类的所有历史、文明、个体的一生、全球各类物种的生活都在这颗蓝色星球上度过，而它和太阳相比却又那么渺小。

该图于 2021 年 6 月 16 日用深圳市天文台 35 厘米口径望远镜拍摄。

■ 羲和浴日

羲和是中国上古神话中的日月女神与制定时历的女神。《山海经》中记载了"羲和浴日"的故事：太阳女神羲和，生有10个孩子，也就是10个太阳。这些孩子每天一个，轮流在天空值班。每天早上，值班的太阳离开扶桑，登上龙车之前，一定先要在咸池里洗一个澡。羲和还常常带着孩子们在东南海外的甘渊洗澡，甘渊的水十分甘美，羲和把孩子们一个个洗得干干净净、明明亮亮。

第二章

羲和号
视野内外

1 太阳内部结构

我们肉眼只能看到太阳表面，用紫外线、极紫外线、X射线等短波波段或（人造）日食时才可以看到太阳高层大气，但是我们没法看到太阳的内部结构。那么我们怎样得知太阳内部都有什么呢？我们通过日震学（通过太阳表面观测到的振荡推测太阳内部）的方法可以得知，太阳内部由日核、辐射层和对流层组成。

约 0.25 个太阳半径内的区域是太阳的核心，称为日核。这里温度高达 1 500 万摄氏度，密度是水密度的 148 倍，压强是地球海平面大气压的 3 000 多亿倍。在这样的极端条件下，日核产生热核反应，把氢核聚变成氦。太阳所有的能量都是在这里产生的，然后向外传递，到达光球层，最后把光洒向太阳系空间。在日核中，每秒有约 6 亿吨氢参与核聚变，约

400 万吨氢转化成能量，其余的转化成氦，相当于每秒有 9 000 万亿吨 TNT 爆炸。太阳是一个巨大的火球，还能像这样"燃烧"50 亿年左右。日核的核聚变处于平衡状态：如果聚变速率稍高一点，就会导致日核更热，随之太阳会略微膨胀，从而降低密度，也就会降低聚变速率；如果聚变速率稍微低一点，就会导致日核冷却，随之太阳会稍微收缩，从而增加密度，也就增加聚变速率，再次恢复到现在的速率。

太阳核心产生能量后就要向外传播，太阳核心虽然有大量的能量产生和释放，但太阳并没有像氢弹一样爆炸，这是因为太阳上力的平衡使之得以维持相对稳定的状态，这种平衡称为流体静力学平衡。

日核往外是辐射层，辐射层比较厚，从 0.25 个太阳半径处到 0.7 个太阳半径处都属于辐射层，有 0.45 个太阳半径厚。它通过热辐射的方式把日核产生的能量向外传播，从辐射层底到辐射层顶，温度大约从 700 万摄氏度下降到 200 万摄氏度。辐射层的温度梯度小于绝热温度梯度，所以不能产生对流。日核产生的光子是高能伽马射线，在辐射层不断被吸收和再释放，因此光子在辐射层走的时间比较长。据估计，光子通过辐射层大概要走 17 万年（对比一下，光从太阳表面到地球只需约 8 分 19 秒）。

辐射层向外是对流层，它们之间的分界层叫差旋层。差旋层比较有意思，差旋层以内的日核和辐射层的转动角速度基本一致，而差旋层以外不同位置的自转角速度不一样，赤道转得快，越往极区转得越慢，所以太阳不同纬度的平面会有剪切运动，这也是太阳产生磁场的重要原因。太阳发电机理论认为，引起各种太阳活动的磁场就是在对流层底部的差旋层产生的。

0.7 个太阳半径到太阳表面之间的区域是对流层。对流层的

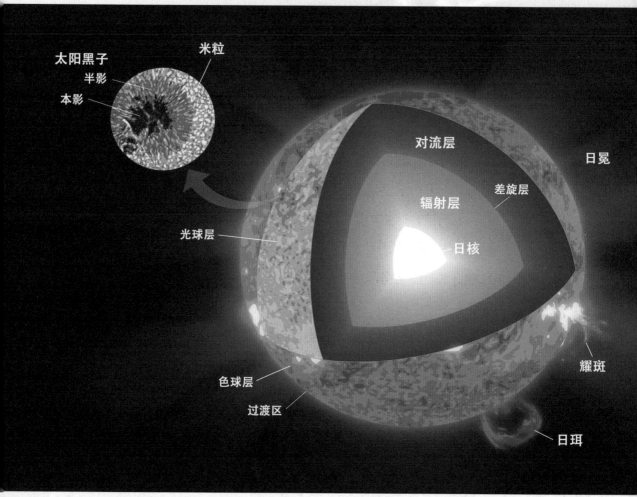

太阳黑子
半影
本影
米粒
对流层
日冕
辐射层
差旋层
日核
光球层
色球层
过渡区
耀斑
日珥

■ 太阳结构

温度和密度相对辐射层要低，不足以通过辐射向外传
递能量。在这种情况下，只能通过对流将能量带到太
阳表面。太阳物质在差旋层受热膨胀，密度降低形成
元胞将大部分能量传输到光球层。携带热量的物质到

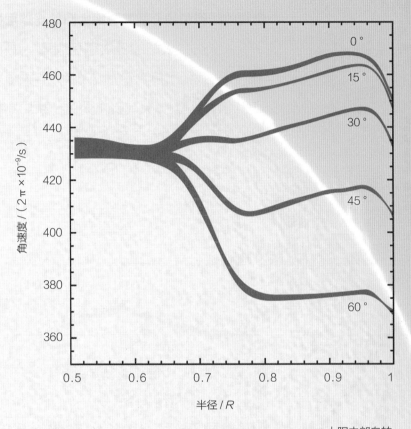

纵轴标签：角速度 /（2π×10⁻⁹/s）

$$\text{角速度} / (2\pi \times 10^{-9}/\text{s})$$

横轴标签：半径 / R

曲线标注：0° 15° 30° 45° 60°

■ 太阳内部自转
数据来源：美国国家太阳天文台。

达光球层表面后扩散和冷却，因此密度就会增加，然后下沉到对流层底部，在那里物质再次获得热量，对流循环继续进行。光球层表面的米粒组织的活动现象就是对流循环的表现。在对流循环的作用下，光球层的温度下降到 5 500 摄氏度左右。

2

光球层

羲和号的研究目标是太阳低层大气，通过 H α 谱线的线翼和线心能够看到太阳的光球层和色球层。

光球层是太阳的日常可见表面，是太阳大气的最底层，我们所接收到的阳光就来自太阳光球层。太阳和其他恒星一样，它的颜色与表面温度有关。太阳的表面温度约为 5 500 摄氏度，辐射的峰值波长

在 480 纳米。

　　在说太阳的颜色之前，我们先说一下波长和颜色。人眼可见的光在整个光谱里是很窄的一部分，范围是 390 ～ 760 纳米，也就是所谓的可见光——从短波紫光到长波红光。把从紫光到红光的整个连续光谱组合起来就是白光，而把不同的波长分开就会形成不同的颜色，如同彩虹一样。

■ 彩 虹

在人眼可见范围之外还有其他类型的光。波长比紫光短的是紫外线。由于光波的能量和波长相关，波长越短能量越高，所以，紫外线的能量比可见光高，而高能量的紫外线对我们的皮肤有害（这是大家在日常生活中都知道的）。波长比紫外线还短的是 X 射线和伽马射线，它们对人体的伤害更大。因此，除了治疗某些癌症，任何时候都应该避免使用伽马射线。另外，随着波长的增加，可见光之外还有红外线、微波波段的光和射电波段的光。总的来说，电磁波谱按照波长增加、能量减小的顺序排列：伽马射线、X 射线、紫外线、可见光、红外线、微波和射电。不同波段光的用途各不相同，但在物理上，它们本质上都是电磁波，唯一的差别就是波长的长短不同。

人眼看到物体的颜色是根据物体本身反射或辐射的光来确定的。例如，一般树叶会吸收所有的可见光，只反射绿光，我们看到的树叶就是绿色的。我们看到的霓虹灯显示为橙色，是因为它只辐射橙色的光。

大多数光源发出的光不止一个特定波长，它们发出的光的峰值波长取决于物体的温度。如上文所述，太阳的峰值波长在 480 纳米，位于可见光波段，相当于蓝绿光。那么，太阳是蓝绿色的吗？

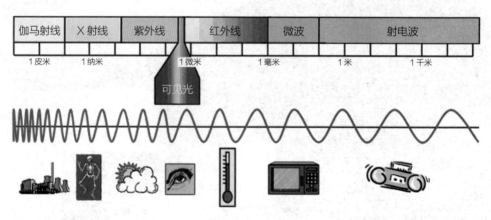

■ 不同的光谱

不完全是。虽然太阳辐射的光谱峰值波长在 480 纳米，但是太阳在所有的可见光谱上都辐射能量。我们眼睛看到这些混合波长的光是白光，这就是太阳的真实颜色。

　　然而，所谓的黄色太阳又是从哪里来的呢？随着太阳光经过地球的大气层，一些光被散射了，尤其是蓝端的光更容易被散射，因此我们看到的天空是蓝色的。而到达人眼的太阳光损失了一些蓝端的光，整体朝黄端偏移。日出和日落时，太阳靠近地平线，太阳光要经过更厚的大气层，更长波长的光会和蓝光一起散射，就会出现橙黄色的天空，而太阳光中只有红光能到达人眼，因此日出和日落时，我们会看到一个红色的太阳。当然，太阳不仅发射可见光，还发射其他波段的光谱。幸运的是，地球的大气层会阻挡大多数如紫外线等有害的光

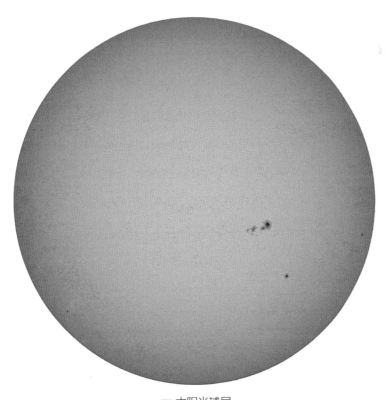

■ 太阳光球层

本图为利用地面 100 毫米口径天文望远镜和赫歇尔棱镜观测到的图片，
可以看出太阳的边缘十分锐利，这是因为太阳的光球层很薄。

线到达地面。

　　光球层是太阳大气层中最不活跃的一层，却是最容易看到的一层，用白光望远镜、投影法，甚至日食镜就可以看到太阳的光球层。太阳表面不是固态（太阳不含固态物质，整个太阳是等离子体 ❶），但是我们通过肉眼观察（日出、日落时分），或者通过能有效滤光的望远镜（如在望远镜物镜端加装巴德膜）观察，会发现太阳表面是个明亮的气体球，这就是光球层。太阳的半径约为 700 000 千米，而光球层的厚度不过 500 千米，不到太阳半径的 0.1%。

　　光球层的温度在 4 500 开尔文到 6 000 开尔文之间（有效温度是 5 777 开尔文），密度约为 0.000 3 千克 / 米 ^{3}，随着深度增加，密度也会增加。

　　如果我们放大观测太阳局部，可以看到太阳的表面是十分斑驳的。它既不均匀，也不平静，到处都有颗粒状的结构，我们称之为米粒组织。每一个米粒的直径约 1 000 千米，寿命平均为 5~10 分钟。几百万个米粒聚集在一起，构成了对流层的顶层，正好在光球层之下。除米粒之外，根据特征尺寸，太阳表面还有中米粒、超米粒和巨大元胞。米粒几乎覆盖整个太阳光球层，因此，不论何时，我们在太阳上都可以看到几百万个不规则形状的米粒。

　　中米粒是米粒和超米粒之间的特殊存在，一般难以观测到，因此它们的存在有一定的争议。中米粒的典型大小为 7×10^6 米，

---

❶ 等离子体（plasma），又叫作电浆，是由部分电子被剥夺后的原子及原子团被电离后产生的正负离子组成的离子化气体状物质，其运动主要受电磁力支配，并表现出显著的集体行为。它广泛存在于宇宙中，常被视为是固、液、气之外，物质存在的第四态。等离子体是一种很好的导电体，利用经过巧妙设计的磁场可以捕捉、移动和加速等离子体。

寿命为 3~6 小时。中米粒里随着物质流动也经常会发生爆炸现象。观测和模拟都已证实，米粒到超米粒之间速度分布是连续的，在中米粒位置速度没有突变。

在白光观测中，光球上的超米粒不是很明显。通过白光及多普勒观测，会看到太阳表面稍微大一点尺度的物质水平运动现象，这些就是超米粒。典型的超米粒的等效直径长度为 3×10^7 米，变化范围为 2×10^7 ~ 7×10^7 米，平均尺寸受观测技术的影响会有一定变化。超米粒中心等离子体上升速度为 30 米 / 秒，水平外流的速度为 350 米 / 秒，随后在边界处下沉。它们在日面上可以存在 1~2 天，平均寿命为 1.6 天。

光球层上还有一些涡旋流动，它们与磁场相关，也可能与太阳上层大气的龙卷风相关。这些龙卷风包括日珥龙卷风、旋转的大针状体龙卷风、日珥之下的倒钩龙卷风。但是光球层的涡旋结构是否为这些龙卷风的驱动因素，目前还不清楚。

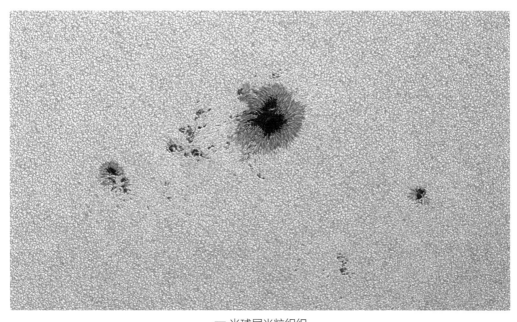

■ 光球层米粒组织
本图为利用深圳市天文台口径 35 厘米的望远镜观测到的图片，
图中显示了大小相当于地球大陆的典型太阳米粒组织。

在白光观测下，光球层的米粒边缘（特别是活动区 ❶ 周围）还可以看到一些亮的斑块，这是光斑，也叫光球小火炬。光斑之所以比光球层的其他位置亮，是因为等离子体密度更小、透明度更高，能看到更深的米粒。在高分辨率的观测中，光斑是由多个直径为 100 千米左右的光斑点组成的，它们位于米粒间的暗径，和强磁通量位置一致。光斑之间会经常看到暗径或条纹，在靠近活动区的地方，光斑密集地聚集成褶皱的形状，这种情况下称之为网斑。它们的宽度有 100 千米左右，单个褶皱的长度可达 1 800 千米。光斑位置的温度比光球层其他地方的温度要稍高一些，比最低温度高 1 000 摄氏度左右。在活动区之外，位于超米粒边缘的光斑分布得比较离散，但在不同纬度的光球网络中都可以看到。

太阳上到处都存在磁场，但是不同位置的磁场强度不一样。活动区的平均磁通量密度为 100 ~ 500 高斯 ❷，宁静区上边形成冕洞的区域的磁场强度为 5 ~ 10 高斯。

---

❶ 太阳活动区指以黑子为主体的太阳活动现象汇聚的区域。

❷ 高斯（Gs）是磁场单位，但不是标准国际单位，磁场的标准国际单位是特斯拉。

色球层是太阳大气的第二层，位于光球层之上、过渡区和日冕层之下，也是羲和号观测的重要层次。光球层往上，色球层开始的标志是太阳大气温度降到最低后升高，最低时大约是 3 800 开尔文。然而，由于色球层的密度只有光球层密度的万分之一，光球层太亮，所以我们平时是看不到色球层的，只有在日全食时才能看到。当月球运动到太阳和地球之间，三者成一条直线，月球完全挡住太阳光时，我们才可以看到太阳边缘有一层红色的结构，这就是色球层。它的厚度大约为 1 500 千米。

日食时之所以可以看到红色的色球层，是因为色球层有一条很强的发射线——波长为 6 562.8 埃 ❶ 的 Hα 谱线，在亮度上占有绝对优势。

色球层

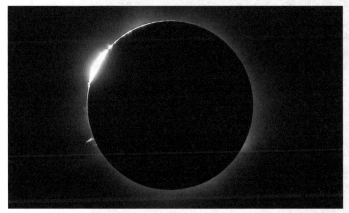

■ 日全食时的色球层
　拍摄时间：2023 年 4 月 20 日，拍摄：曾跃鹏。

❶ 埃为长度单位，1 埃 =10⁻¹⁰ 米 =0.1 纳米。

这里我们介绍一下太阳上的吸收线和发射线。我们看到彩虹的颜色有红橙黄绿青蓝紫，这些光反映的就是太阳的可见光谱，而真实的太阳可见光谱如下图所示。在连续的红光到蓝光之间有一些黑色的线，这些就是吸收线，红色中间很粗的黑线就是 Hα 线。它们是怎么来的呢？太阳光通过等离子体（太阳就是一个巨大的等离子体球）时，大多数光都能直接通过，而一些特定波长的光携带特定的能量会被氢原子中的电子吸收，并激发这些电子。如果太阳等离子体里大量的电子吸收这些特定波长的光，那么白光光谱就会失去一些特定波长的颜色（也就

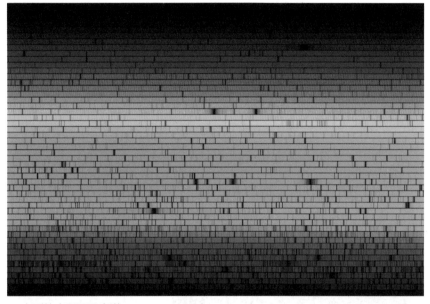

■ 实测的太阳可见光谱

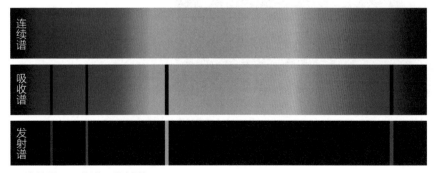

■ 连续谱、吸收谱、发射谱

是说特定能量被电子吸收了）。由于不同原子里的电子能级不同，就会有不同的吸收谱线。在太阳可见光谱中，吸收谱线表示太阳含有的元素，因为相应的原子吸收了光而出现了暗线，这样我们就可以得知太阳的成分。

太阳等离子体中的电子不仅能吸收光得到能量，如果等离子体的密度足够大、温度足够高，还可以通过碰撞产生能量。碰撞产生的能量没有吸收光，所以在光谱中不会产生吸收线。电子的碰撞激发一般发生在太阳高层大气中（日冕的温度比太阳表面要高）。一旦电子得到额外的能量，它就不会稳定存在，那么它就会释放相应能量波长的光子，然后再回到稳定状态。随着等离子体中这种特定波长的光子释放（辐射）大量发生，就会出现与吸收谱线相反的过程——发射线。发射线和吸收线都是对应特定的原子能级。我们可以通过测量谱线的强度、厚度和位置计算出太阳相关区域的温度和密度等相关信息。一般来说，吸收线在太阳表面比较常见，而发射线在太阳大气中比较常见。

后来，科学家们发明了色球望远镜——在望远镜上加装滤光设备，只让特殊

■ 羲和号观测到的色球层

波段的光通过望远镜，人们才得以在平时也可以看到色球层。对色球层的观测最早可以追溯到 20 世纪初芝加哥大学太阳物理学家海尔的一系列观测。

从下图可以看出，色球层上有各种尺度的迷人结构，从小火舌状的针状体到巨大的日珥和暗条，它们千姿百态，如果你持续观测，每天都会有不一样的视觉感受。这些特征在光球层是看不到的。

在太阳色球层边缘到处可以看到动态的、稀薄的、喷射状的结构，它们就是色球针状体，在日面上通常叫杂斑或原纤维。色球层每时每刻都有大量色球针状体，大约有 10 万个。作为色球层的基本结构，它们是光球层与日冕层之间传输物质和能量的载体。在高分辨率观测下，针状体可以分为 I 型针状体和 II 型针状

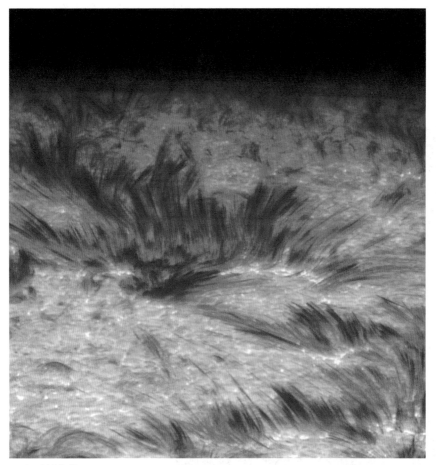

■ 色球针状体

体。其中，Ⅰ型针状体物质以 15 ～ 40 千米 / 秒的速度向上喷射后回落，其寿命为 150 ～ 400 秒；Ⅱ型针状体物质以 30 ～ 110 千米 / 秒的速度向上喷射后在最高点淡化消失，没有物质回落，其寿命为 50 ～ 150 秒。虽然 19 世纪下半叶就已发现色球针状体，但它们的起源，以及与光球层和日冕层的联系一直存在争议。

除了 Hα 谱线，地面观测也常用 3 933.7 埃的 Ca Ⅱ K 谱线来观测色球层。Hα 谱线观测的是低色球层，Ca Ⅱ K 谱线观测的是中高色球层。从这两种谱线观测的色球层中可以看到黑子、谱斑和色球网络。色球层的黑子没有光球层的黑子明显。谱斑是活动区周围亮块的色球层结构，它们是光球层光斑的上层结构。细看之下，还可以看到一个个亮的元胞，它们就是色球网络，与光球层上观测到的米粒结构类似，都与热对流相关，这些亮元胞是能量传输的载体。色球层上更大一些的结构是日珥和暗条，相关内容将在第三章详细进行介绍。

色球层在能量传输和物质运输上起着重要作用，在色球层的持续供给和各种物理机制的作用下，日冕层才能达到几百万摄氏度的高温，我们才能观测到绚丽的太阳活动现象。

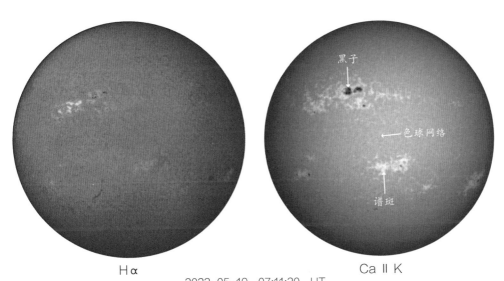

■ 不同谱线观测到的色球层上的黑子、谱斑和色球网络
由深圳市天文台观测。

4

日冕层

　　日冕层是太阳大气的最外层结构，跟色球层一样，在没有借助望远镜等设备的情况下，只有在日食时才能看到日冕层。太阳的这个大气层，密度低，汤普逊散射产生的光学辐射强度比较弱，整体亮度只有光球层的百万分之一，因此，我们平时是看不到日冕层的。最早的日冕层观测可以追溯到遥远时期的日食观测，在我国、古印度和古巴比伦等古书里均有记载。1851年挪威和瑞典发生日食时，专业摄影师用银版摄影法成功记录了日珥和内冕。1892 年，海尔发明了太阳单色像仪，可在日食时观测日冕层的谱线。

那么，平时我们能否看到日冕层呢？随着科技的发展，答案是肯定的。有两种方法可以看到日冕层。

第一种方法是利用日冕仪，即通过遮挡太阳低层大气发出的光，人造日食显现日冕层。1942 年，科学家用日冕仪观测到原子高度电离的禁线❶，第一次确定了日冕层的百万摄氏度高温。但对于地面日冕仪来说，它要求的环境条件比较苛刻，需要海拔高、天空散射度低、风速稳定且较弱，因此适合观测日冕层的位置很少。我国丽江高美古天文观测站的日冕仪从 2013 年开始观测并进行相关研究。

■ 丽江高美古天文观测站利用日冕仪观测的日冕

---

❶ 禁线：按照量子力学规则，可以从谱线的波长反推出原子跃迁前后的轨道能量。满足原子能态跃迁选择定则的跃迁称为容许跃迁，不满足的则称为禁戒跃迁，禁戒跃迁产生的谱线称为禁戒谱线，简称禁线。在高温低密的日冕环境中，原子经过多次碰撞，高能亚稳态原子能进行禁戒跃迁产生禁线。

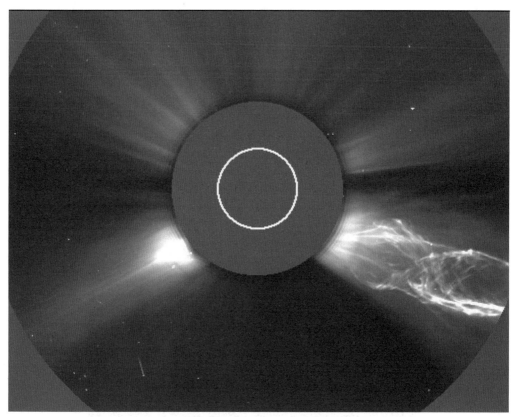

■ SOHO 卫星观测的日冕

图中有一个日冕物质抛射伴随着巨大的爆发日珥，观测时间为 1998-06-02 13:31。

　　为了消除散射光的影响，我们可以发射卫星进行空间观测。欧洲航天局和美国国家航空航天局的太阳和日球层探测器（SOHO）就是空间日冕观测中的佼佼者。自 1995 年升空以来，太阳和日球层探测器对太阳从光球层到日冕层进行全方位的观测，对太阳物理学的发展起了巨大的推动作用，其携带的大角度光谱日冕仪观测到许多日冕活动现象，供科学家研究日冕结构和演化。此外，它还发现了 4 000 多颗彗星。

　　第二种方法是使用紫外线、极紫外线和 X 射线等一些特殊光谱线观测日冕层。因为日冕层的温度要比光球层高很多，可达上百万摄氏度。高温下才能产生这些谱线，下页图就是太阳动力学天文台（SDO）在极紫外波段拍摄的日冕，红色的 21.1 纳米的观测温度约为 200 万摄氏度，绿色的 19.3 纳米的观测温度约为 130 万摄氏度，蓝色的 17.1 纳米的观测温度约为 80 万摄氏度。在如此高温下产生的谱线不在可见光波段（390 ~ 760 纳米），并且这些波段的太阳光会被地球大气层吸收，所以必须发射卫星进行空间成像。

日冕层中有许多拱状结构叫冕环，这些太阳结构的物质相较于周围要更密集一些，它们在磁场作用下形成环状结构，因此两端连接的是两个光球磁场聚集的区域。与光球层不一样，光球层的黑子区域比周围的温度要低，所以看起来是黑色的，而日冕层中强磁场把能量注入系统，能够产生耀斑和日冕物质抛射。冕环形成和消失的时间一般是几秒到几天，有些快速演化，有些缓慢演化。下图中，太阳南半球极区有一个暗的区域（暗蓝色区域），叫冕洞。这些区域暗是因为在极紫外波段里的成像物质少。冕洞是高速太阳风起源的位置。太阳风跟地球上的风不一样，**太阳风是主要由电子、质子和 α 粒子组成的带电粒子流。太阳风从太阳出发，两到三天可以到达地球，对空间天气产生影响。**

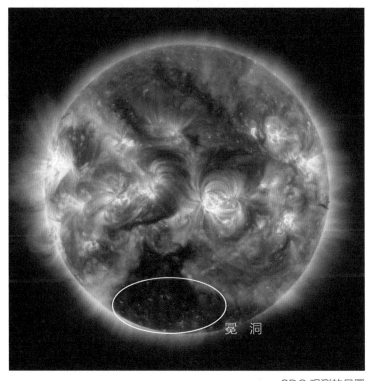

冕　洞

■ SDO 观测的日冕

━━ 2023 年 4 月 20 日，日全食时观测到的日冕层
　　拍摄：曾跃鹏。后期处理：梁翀、李德铢。

　　由于日冕层的密度极其低，日冕层受磁场的影响比较大，如上面提到的冕环、冕洞及日冕喷流都跟磁场相关。

　　自从发现日冕层中高度电离原子的谱线（铁的 8 次电离和钙的 13 次电离）以来，已经确认日冕层温度有百万摄氏度。在这么高的温度下，日冕层由完全电离的氢等离子体组成。把这个温度和光球层的 5 500 摄氏度（黑子温度低至约 3 700 摄氏度）比较，我们就会感到疑惑，日冕层是怎么维持比光球层高 200 倍的温度状态呢？这也就是太阳上的日冕加热问题。

　　如果日冕层的传热机制只有热传导，那么根据热力学第二定律，日冕层的温度应该从色球层开始，随着距离的增加，逐步下降。此外，由于极紫外辐射会造成辐射损失，如果等离子体温度不能通过某种热源持续保持，那么日冕层将在数小时到数天内冷却下来。

那我们来看看要维持高温日冕层的稳定存在需要的能量有哪些。它需要与辐射损失、热传导相平衡。由于日冕层的不均匀性，不同位置的加热需要的能量各不相同。由于磁场的存在，日冕层高度结构化，不同位置相互隔离，相互之间有很大梯度，因此，我们可以确定每个独立磁结构的加热量。据估计，冕洞中的加热率约为 10^{-6} 尔格 /（厘米 ^{3} · 秒）。加热机制包括经典的流体动力学机制和磁性机制，磁性机制又分为交流机制和直流机制两种。

流体动力学机制中，光球层的湍流运动产生声波，携带能量在日冕层中耗散加热；根据光球层上的运动引发磁场扰动的时间长短分为交流机制和直流机制，交流加热是光球层中等离子体扰动沿着磁力线传播，将能量输送到日冕层中，导致加热；而直流加热是能量在磁场中传输时间特别短，磁场能达到平衡状态，通过直流电流片的磁重联加热。现在普遍认为非磁性区域的加热主要来源于声波的耗散，而磁性区域的加热则是磁流体波及其他加热机制共同作用的结果。最近几年，由于软 X 射线和极紫外高分辨率成像技术的提高，太阳过渡区和日冕层中小尺度现象得到系统探测和分析，并以此获得日冕层加热过程的具体信息，分析能量的储存和耗散。由于这些小尺度现象的物理过程还不甚清楚，它们在不同波段有不同的表现形式，包括暂现区、通量浮现事件、磁通量对消事件、爆发事件、闪现事件、软 X 射线亮点、纳耀斑、微耀斑、软 X 射线喷流、活动区瞬时增亮等。这些加热现象发生在光球层的宁静区和活动区、过渡区、日冕层不同位置，对日冕层加热都有不同程度的贡献。

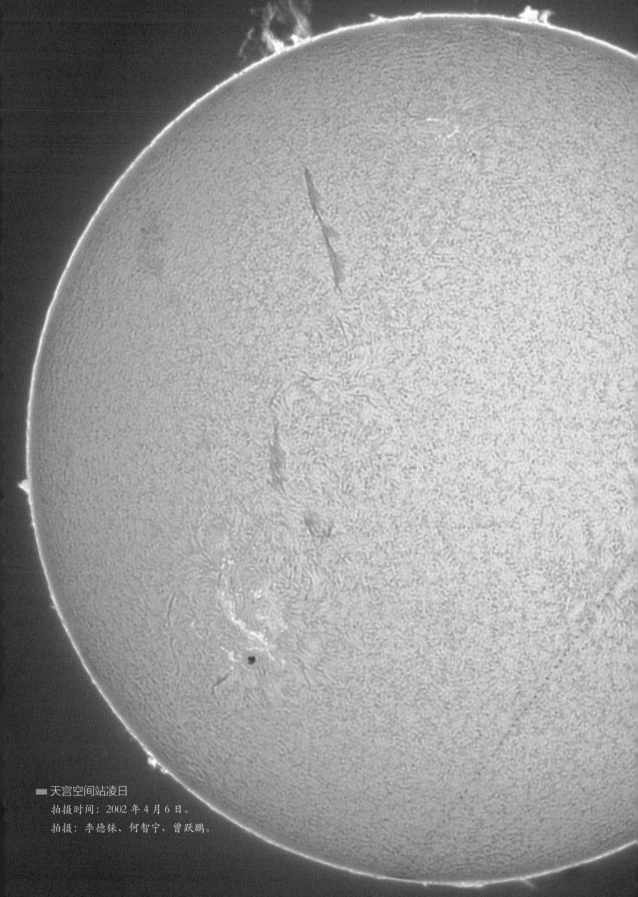

■ 天宫空间站凌日

拍摄时间：2002 年 4 月 6 日。

拍摄：李德铢、何智宁、曾跃鹏。

第三章

羲和号的
观测目标

1

太阳黑子

太阳除了持续给地球提供光和热，让地球上的生命得以繁衍，文明得以发展和延续外，太阳上也会有一些爆发活动和现象，如太阳耀斑和日冕物质抛射。这些爆发活动是灾害性空间天气的源头，会影响空间探测器的安全甚至地球上人类的生活。因此，对这些活动现象的观测和研究具有重要的科学意义和实际应用价值。

羲和号通过 Hα 成像光谱仪，可以观测光球层和色球层，将观测太阳耀斑和日冕物质抛射的光球层表现和色球层表现，探究太阳爆发的源区动态特性和触发机制，同时探测暗条 / 日珥的形成和演化的色球层表现，揭示其与太阳爆发的内在联系，还将获取全日面 Hα 波段多普勒速度分布情况，研究太阳低层大气动力学过程，为解决太阳爆发由里及表能量传输全过程物理模型等科学问题提供重要支撑。

总之，太阳低层大气中的太阳活动现象及太阳爆发的物理机制就是羲和号的主要探测科学目标。羲和号将与其他地面及空间探测器一起为人类保驾护航，预测灾害性空间天气事件，减弱由其带来的损失。

那么，这些太阳活动究竟是怎样的呢，让我一一道来。

有时我们看太阳光球层会出现一些暗斑，这是光球层上最明显的特征——太阳黑子。

两千多年前，我国就有关于太阳黑子的记录。

《汉书·五行志》中有如下记载："**成帝河平元年（公元前28年），三月乙未，日出黄，有黑气大如钱，居日中央。**"

　　1128年一个雾蒙蒙的早晨，英国伍斯特镇的一名修道士约翰看到太阳上有两个圆斑位于赤道两侧。当时，人们认为地球处于宇宙的中心，太阳、月亮及其他恒星围绕地球在转动。这些天体完美不变，天体的不完美在当时被认为是异端邪说。我们不知道当约翰看到太阳上的圆斑时是什么想法，但可以肯定的是，约翰认为这个现象很重要，因此画了下面这幅图。《伍斯特编年史》记录了公元734年至1140年的历史，是构成英国历史的重要文本。而约翰是《伍斯特编年史》的作者之一，并且是这段时期的最后一位作者。《伍斯特编年史》长达406年历史的数百页记录中只包含了五幅图像——三幅关于国王亨利一世的画、一幅耶稣基督被钉在十字架的画及这幅太阳黑子图。由此可见太阳黑子在约翰心中的重要地位，虽然当时他还不知道这到底是什么现象。

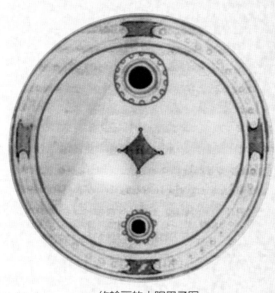

■ 约翰画的太阳黑子图

在 1128 年以后近 500 年的历史里，再无太阳黑子的观测记录，直到 1609 年伽利略把望远镜指向太空。伽利略的望远镜彻底改变了人们对天文的认知，伽利略发现了木星的 4 颗卫星，改变了"所有天体都是围绕地球转"的观点。他还看到了月球的环形山，表明月球并非完美。当然他也观测了太阳，在观测太阳时，伽利略注意到太阳上有小黑点——太阳黑子。在对它们进行系统的观测，描绘它们在太阳表面的移动后，伽利略发现太阳也像地球一样在自转，因为太阳黑子从日面左边缘出现后向右移动，大概几周后，从日面右边缘消失。此外，伽利略还发现太阳黑子的中心比较暗，周围稍亮一些（但也比非黑子区域暗）。尽管伽利略非常详细地记录了太阳黑子，但当时包括他在内的天文学家都不清楚太阳黑子是什么。不像木星的卫星和月球的环形山那么明显，太阳黑子对当时的科学家来说非常抽象。从此，一代代天文学家开始寻求太阳黑子形成的答案。

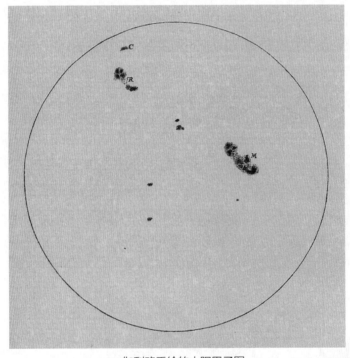

■ 伽利略手绘的太阳黑子图
绘于 1613 年 7 月 8 日。

跟伽利略同时代的德国天文学家沙伊纳（Christoph Scheiner，1573—1650）最初推测太阳黑子是围绕太阳运行的小行星，这个观点迅速被伽利略推翻了，因为太阳黑子是随太阳一起转动的而非独立存在的。太阳的内行星——水星和金星确实会从太阳前面经过（行星凌日），但它们经过日面时的情形与太阳黑子不一样。值得一提的是，虽然沙伊纳关于太阳黑子的推测是错误的，但是这个概念本身是超前的。迄今为止，已经发现确认的 5 000 多颗系外行星（围绕太阳系以外的恒星运行的行星）中，79.4% 是以这种方式被发现的——当我们观测到行星从恒星前面经过时，恒星的亮度会下降。当观测到恒星的亮度周期性下降时，这颗恒星周围可能就有行星在围绕着它运动。但遗憾的是，对于系外行星科学来说，沙伊纳生活的时期太早了。

伽利略发现黑子随着太阳在自转后，根据当时绘制的太阳黑子图，他认为黑子可能是太阳大气中的云状物质，有点类似地球大气中的云。听到这个观点后，沙伊纳很可能还记得伽利略对他的早期理论的反驳，于是又用一个新的理论反驳了伽利略的理论。沙伊纳认为太阳黑子是"嵌在太阳明亮大气中的致密物质"，换句话说，太阳黑子更类似海中的岛屿，而不是天空中的云。当然不管是伽利略还是沙伊纳，他们关于太阳黑子的理论都不正确，但他们都没有机会得到正确的答案，因为在接下来的 200 多年里关于太阳黑子的研究都没有取得重大进展。

后来，威廉·赫歇尔（William Herschel，1738—1822）在做了大量的太阳观测后提出，黑子是太阳明亮大气层上的一个洞。太阳大气层是炽热的，而大气层之下是寒冷的表面，通过黑子孔洞就可以到达那里。如果我们用现在的认知去看，赫歇尔的观点还是部分正确的，至少他认为黑子区域是温度相对低的区域是正确的，这比伽利略或沙伊纳的观点更接近太阳黑子的本质。然而，赫歇尔对太阳黑子的描述还有后半部分。他完整的描述是，黑子是太阳明亮大气层上的一个洞，通过它可以看到大气层之下寒冷的表面，那里可能有生命存在。虽然赫歇尔是一个伟大的天文学家，一辈子造了许多望远镜，还发现了太阳系的第七颗行星——天王星，但"在黑子之下可能有生命存在"的观点就比较荒谬了。

羲和号的 Hα 线翼观测光球层就可以看到日面上的太阳黑子斑点。为什么太阳上这些区域看起来会暗一些？那是因为黑子的中心温度为 3 000 ~ 4 500 摄氏度，相比较光球层其他区域的 5 500 摄氏度要低 2 000 摄氏度左右。因此，这些黑子看起来是暗的，并非真的黑。太阳黑子中心的温度还是很高的，只是对比之下显现出黑色。那太阳黑子的温度为什么会低呢？这是因为太阳黑子是强磁场区域，我们已经知道太阳能量是由日核通过核反应产生的，然后经辐射层和对流层到达表面，而强磁场会抑制对流传输能量。因此，太阳黑子区域的温度低，看上去就是黑的。

太阳黑子的尺度变化范围很大，呈近似对数的正态分布。非常大的太阳黑子的直径有时候可以达到 60 000 千米，但这样的黑子比较稀少。直径小于 3 000 千米的黑子也比较少。更小的光球层磁结构通常是以气孔和磁元的形式出现的。

黑子的寿命短的为几个小时，长的为几个月。黑子达到最大尺度后稳定衰变，一般认为衰变是由磁场的湍流扩散引起的。

太阳黑子中心比较暗的部分叫本影，这里是磁场最强的区域。本影外围是更亮一点的、条纹状的区域，叫半影。一个半影内可能只有一个本影，也有可能有多个本影。除此之外，本影里也可以看到一些亮点，叫本影点。有时本影点会连成一串，形成横跨本影的亮桥，把本影分成几部分。本影的辐射强度大约是太阳宁静区的 20%，半影的辐射强度大约是太阳宁静区的 75%。由于半影面积比本影面积大 4 ~ 5 倍，所以平均来说，太阳黑子的辐射强度是太阳宁静区的60% ~ 70%。黑子的亮度和温度都随空间位置的变化而变化。它们的变化幅度比较大，例如，越往本影内部，小尺度结构越占主导。本

影里面有一些小而亮的结构，主要是本影点。本影点的典型直径约为 300 千米，并且观测表明，本影的尺寸越小，本影点越多，这说明在目前的望远镜观测分辨率极限下，许多本影点还没有被观测到。本影点的精确亮度还没有确定，但是一般来说比黑子外面的宁静区更暗。半影由小尺度结构主导，最显著的是纤长的亮暗半影纤维及与本影点相似的点状半影米粒。现在最大分辨率的望远镜观测到的半影纤维显示暗径向内流，由此说明还有一些精细结构没有观测到。

　　光球层上黑子的主要动力学特征是埃弗谢德效应，这是以它的发现者埃弗谢德（Evershed）命名的。1909 年，埃弗谢德观测太阳边缘的黑子时发现，黑子半影区域中的光球谱线出现多普勒位移并且不对称，即在靠近日面边缘的半影中，亮颗粒之间暗纤维的光谱呈现红移，而在靠近日心方向的半影区的暗纤维中，谱线呈现蓝移，这意味着在黑子半影内存在着沿径向朝外的水平物质流动，即埃弗谢德流动。光球中的埃弗谢德流动是水平向外的，从本影－半影边界开始，在半影中速度达到极大，并在接近半影外边界时开始衰减，当离开半影外边界后埃弗谢德流动突然消失。此外，埃弗谢德流动在不同的高度上速度也不同，其流速在深层最大，并随着高度增加而减小，当其到达色球层时，速度改变方向，形成向内的逆埃弗谢德流动。

除了这种稳定的流，太阳黑子还是振荡和波的源。最显著的特征是在本影以上的色球层中观测到的 3 分钟振荡。在半影以上，占主导的是波水平向外传播（所谓的行走的半影波）。最终，观测到光球层的震荡周期为 5 分钟，与宁静区的声波振荡特征相似，因此被确定为磁声振荡。

如果我们连续观测几天，就会发现太阳黑子在日面上从东向西移动，这是太阳在自转的有力证据。并且，同一段时间里，如果日面上有多个黑子的话，我们还可以观测黑子在日面的移动规律。虽然人们在上古时代就已经看到过太

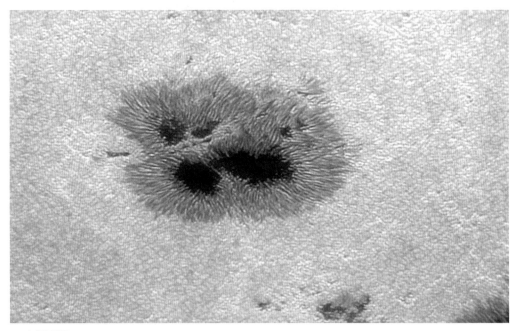

▰ 太阳黑子
2022 年 4 月 26 日，深圳市天文台拍摄。

阳黑子，但直到 17 世纪初开始用望远镜观测太阳，才确切知道用太阳黑子可以确定太阳自转，并且还发现了太阳赤道附近比高纬区域转得更快。**太阳上这种不同纬度自转速度不一样的现象叫较差自转。**沙伊纳在 1630 年前后系统地观测太阳黑子后，首次发现高纬区域的自转速度慢，因此他被认为是较差自转的发现者。由于太阳不是一个刚体（地球是一个刚体），它是一个气态（等离子体）球，因此会较差自转。具体来说，太阳赤道自转一周需要 24.47 天，而两极自转一周需要近 38 天，太阳的平均自转周期是 28 天。

接近太阳边缘的黑子，中心的本影和部分半影不再明显，这种效应称为**威尔逊效应，以它的发现者威尔逊（Wilson）命名，这种日面边缘附近黑子半影宽度的不对称性也称为威尔逊凹陷。**如果本影的可见光是从比宁静区深 400 ~ 800 千米的地方发出的，那么威尔逊效应可以得到很好的解释。威尔逊凹陷的存在表明，太阳黑子内的气体压必须显著小于处于相同几何水平的外部环境，这与磁场主要由水平总的压力（气体压加磁压）平衡来束缚在一起的观点一致。

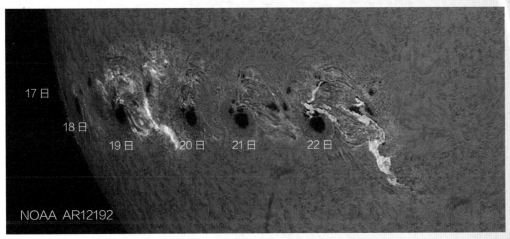

■ 连续六天太阳黑子日面位置的变化

2014 年 10 月 17—22 日，深圳市天文台拍摄。

我们长期观测太阳黑子时会发现，有些年份日面的太阳黑子比较多，有些年份日面上的太阳黑子比较少，甚至可能连续多天一个太阳黑子都看不到。**太阳黑子数的多少遵循约 11 年的变化周期，称为太阳周。**

跟科学上的许多发现一样，太阳周的发现也可以说是一个意外之喜。19 世纪初期，德国天文学家施瓦贝（Heinrich Schwabe，1789—1875）努力搜寻水星轨道内的太阳系行星。当行星离太阳比较近时，基本跟太阳同升同落，没法晚上观测，而白天太阳光又太强了，所以只能在行星在日面前经过时才有可能观测到。就像水星和金星，由于它们的轨道在地球轨道之内，所以我们在地球上偶尔会看到它们从日面前经过，这种现象叫行星凌日。每 100 年发生约 13 次水星凌日，每 100 多年发生 2 次金星凌日。但如果水星轨道内还有行星，那么它发生凌日的频率会更高。1826—1843 年，施瓦贝每天都观测太阳，仔细查看日面上的黑点，希望从太阳黑子中识别出行星。他的长期努力并没有让他成功找到水星轨道内的行星，然而，可喜的是，施瓦贝回望 17 年的太阳观测时，发现了一些特别之处。当时，科学家已经观测得知，太阳黑子数随时间变化而有变化。施瓦贝进一步发现黑子数量的变化有一定的规律，似乎有个变化周期，他认为黑子数量有约 10 年的变化周期。鉴于施瓦贝只有 17 年的观测数据，能得出 10 年变化周期的结论已经很接近真实周期了（太阳黑子数量的变化周期约 11 年）。

听说施瓦贝发现太阳活动周后，瑞士天文学家沃尔夫（Rudolf Wolf，1816—1893）把太阳黑子的历史数据回溯到 1610 年，计算出太阳黑子数量的平均变化周期为 11.11 年。1852 年，沃尔夫还建立了太阳周的命名惯例。由于 1755 年之前没有可信的太阳黑

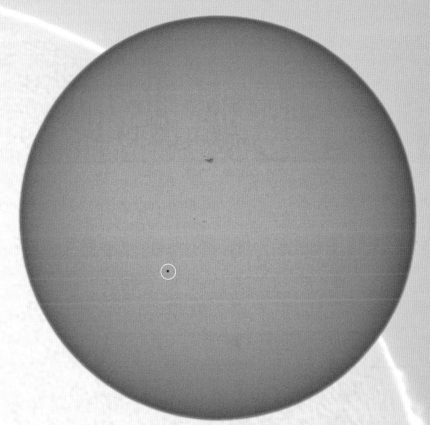

■ 2016 年 5 月 9 日的水星凌日
日面中心左下方的小黑点就是水星（白圈内）。

子观测数据，**沃尔夫将 1755—1766 年确定为第 1 太阳活动周。**
2019 年，第 24 太阳活动周结束，我们现在所处的是第 25 太阳
活动周。此外，沃尔夫还建立了一个标准的太阳黑子数指数——沃
尔夫数，这个指数一直沿用至今。

除了 11 年的周期比较明显，从下页图中也可以看出长时标周
期的太阳活动，如黑色曲线显示的太阳活动约 100 年的变化周期。
沃尔夫无法找到 1755 年之前可信的太阳黑子观测数据，部分原因
是 1755 年前一段时间内太阳极其不活跃，几乎没有太阳黑子，或
太阳活动极其不规律，难以发现 11 年的太阳活动周期。

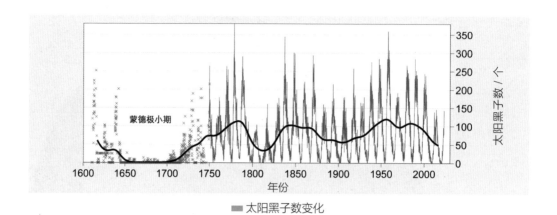

太阳黑子数变化

　　英国天文学家蒙德夫妇——沃尔特·蒙德（Walter Maunder，1851—1928）和安妮·蒙德（Annie Maunder，1868—1947）认为1645—1715年，太阳本身几乎不存在黑子，并不是当时人为观测记录缺少的原因，后来太阳物理学家把这段时期称为蒙德极小期。

　　蒙德夫妇对太阳黑子的其他性质也进行了研究，特别是日面上黑子位置的变化。他们细致梳理了1877—1902年的太阳黑子观测数据，画出了一张黑子出现的纬度位置随时间变化的图，发表在1904年英国《皇家天文学会月刊》上。从图中可以看到两只蝴蝶的样子，后来就把黑子纬度－时间图称为黑子蝴蝶图。黑子蝴蝶图中每只"蝴蝶"代表一个太阳周，时间长度约11年。黑子蝴蝶图对理解太阳黑子的本质可以说是重要的进步，因为它是太阳内部机制的有力表征。1943年，英国皇家天文学会会长在就职演说中把黑子蝴蝶图作为主题之一，认为这是安妮"最重要的工作"。在太阳周的起始阶段，黑子主要出现在南北纬30°附近。随着太阳周的行进，新出现黑子的纬度逐渐降低。当到达南北纬15°附近时，黑子出现的频率最高，太阳活动最活跃。当太阳周结束时，太阳黑子数最少，并且黑子大多出现在赤道附近±7°的纬度处。下一个周期开始，黑子又从高纬位置出现，黑子数开始慢慢增多。两个太阳周之间有段时间会有重叠，也就是说，低纬区域继续出现上一个太阳活动周的黑子，同时高纬区域出现下一个太阳活动周的黑子。

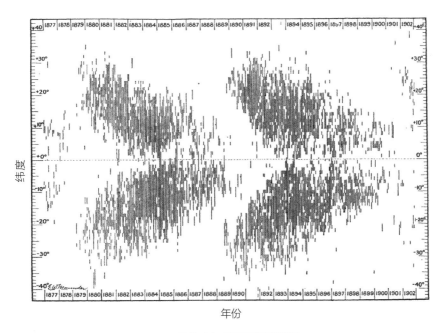

■ 蒙德夫妇画的黑子蝴蝶图

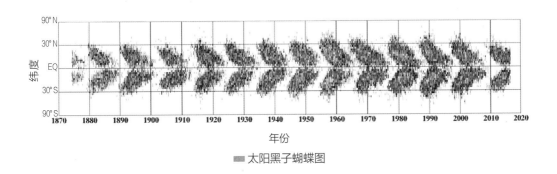

■ 太阳黑子蝴蝶图

　　值得一提的是，作为一名女性，安妮·蒙德在黑子研究中的贡献一开始被低估了。1891 年起，她在英国的格林尼治天文台工作。1895 年，她和同在格林尼治天文台工作的沃尔特·蒙德结为夫妇。按照当时英国对公职人员的规定，夫妇俩不能同时成为公职人员，由于安妮的资历浅、薪水低，所以她辞职了。万幸，安妮没有停止天文研究。作为志愿者，她和沃尔特一起持续推进天文研究项目，特别是关于太阳黑子的研究，并取得了一系列重大进展。直到 1916 年，她才得到认可，被选为英国皇家天文学会成员。2016 年，英国皇家天文学会设立安妮·蒙德奖，以表彰对天文学或地球物理学的推广和普及作出杰出贡献的人。2018年，格林尼治天文台建造了一台以安妮·蒙德为名的望远镜。

虽然1610—1904年，天文学家对太阳黑子的研究取得了一系列重大进展，包括太阳活动周和黑子蝴蝶图等，但对他们来说，太阳黑子的真正性质仍然是一个谜。当时，天文学家还在对太阳黑子的本质争论不休，它们到底是太阳大气效应（云状物）、太阳上的孔洞还是海中的岛屿，这些观点无法达成一致。直到1908年美国天文学家乔治·海尔（George Hale，1868—1938）的出现。在威尔逊山天文台，海尔探测到太阳黑子光谱中的塞曼分裂 ❶，说明此区域有强磁场，这是地球之外首次观测到磁场，并且为研究其他恒星奠定了基础。这可以说是太阳相关研究，甚至天文学研究的重大发现，也是海尔职业生涯最大的成就之一。海尔和他的天文同仁包括塞曼猜测，磁场对太阳有巨大作用，最

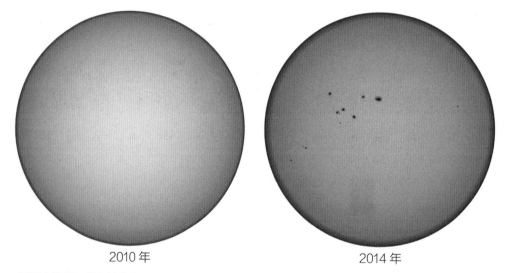

2010 年   2014 年

■ 日面太阳黑子数量的变化

第 24 太阳周中，2010 年后处于太阳活动谷年，日面基本无黑子；2014 年处于太阳活动峰年，日面的黑子比较多。

---

❶ 塞曼分裂：原子能级跃迁时能观测到吸收光谱或发射光谱，如果有外磁场，一条谱线会分裂成三条或更多条，且每条分裂的谱线是偏振的，分裂的谱线之间的距离和磁感应强度相关，这就是所谓的塞曼分裂。

终海尔也证实了磁场是太阳活动的根源。由于强磁场抑制对流传输，导致黑子的温度（约 3 700 摄氏度）比周围的温度（约 5 500 摄氏度）低，这也是黑子区域看起来黑的原因。

所以，太阳黑子本质上来说就是一个巨大的磁场，它的强度是地磁场的几千倍。太阳黑子最暗部分的磁场强度为 2 500～3 500 高斯，周围边缘的磁场强度为 700～1 000 高斯。在黑子的"中心"（磁场强度最强的地方）磁力线是垂直的，而在黑子边缘，磁力线与垂直方向的倾角比较大，与日面接近平行。就磁通量来说，最大黑子活动区的磁通量可达 10^{23} 麦克斯韦（10^{15} 韦伯）。从观测到的磁场和倾角轮廓可以确定从本影和半影浮现的磁通量的相对值。观测表明，半影浮现的磁通量超过一半。因此，黑子半影是深的，也就是说，半影中磁场是倾斜的并且位于光球层以下，而半影的外部应该是趋肤 ❶ 的。

在太阳表面以上，黑子的磁力线快速散开，磁场基本形成一个水平的穹顶，穹顶覆盖在基本没有磁场的等离子体之下。穹顶底部的界面处于光球层上。穹顶底部以上的磁场强度向外稳定下降。

海尔还发现，大多数黑子活动区都以双极的形式出现，即黑子活动区跟磁铁一样，既包含南极黑子，又包含北极黑子。双极磁区的连线一般是东西方向，它们的极性符合磁极性定律（海尔极性定律）：

（1） 在 11 年太阳周内，每个半球中双极磁区的磁性保持不变。

（2） 南北半球双极磁区的磁性相反。

（3） 双极磁区的磁性每个太阳活动周反转一次。

基于这个定律，两个太阳周后磁性类型重复一次，也就是说，太阳的磁周期大约是 22 年，也叫海尔周期。太阳表面磁场纬度位置随时间的变化也有类似的磁蝴蝶图。

---

❶ 趋肤指半影磁场紧贴光球层表面，基本跟光球层表面平行。

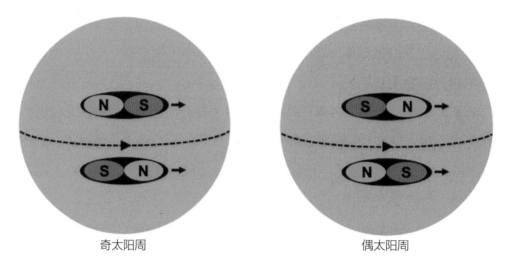

奇太阳周　　　　　　　　　　偶太阳周

■ 不同太阳周黑子的磁极性规律

　　双极磁区的另一个系统特性是它们跟精确的东西方向有一定的偏差，西侧的磁区（依据太阳的自转方向是前导黑子，跟随在后面的同一个活动区中东侧的黑子是后随黑子）比后随磁区更靠近赤道。大的双极磁区的系统特性是太阳磁活动模型和太阳活动周的重要约束条件，它与全局磁场的磁极性反转一起表明太阳磁场的大尺度性和自洽性。

　　2023 年，我们处于第 25 太阳周的上升期，预计 2025 年前后太阳黑子数达到峰值。羲和号预计服役 3 年，将覆盖第 25 太阳周的上升期，观测数据将进一步揭开太阳之谜。

2

日珥

在日食时，我们可以看到日面被挡住后，边缘有一些突出的红色的迷人结构，通常是环状的，这就是日珥。在日面上，我们在 Hα 波段及一些极紫外波段会看到一些细长弯曲的暗带，它们叫暗条。暗条和日珥其实是同一种结构，只是我们看的角度不一样。当暗条随太阳自转到日面边缘时，它们相较日面外的暗背景呈现各种形态的日珥。**日珥悬浮在日冕中，但是日珥的温度只有周围日冕温度的 1%，密度则比周围日冕大 100 倍。**

日珥在大小、形状和动力学上都差异很大，传统上日珥的分类主要是结合它们的形态、动力学特性和相对位来划分。靠近活动区的日珥（也称爆发日珥）会快速爆发，只存在几分钟到几个小时。它们和太阳黑子群相关，因此也和太阳周的黑子数和活动水平相关。远离活动区的日珥（也称宁静日珥）则缓慢出现形成，演化过程很缓慢，消失得也很缓慢，可存在几个月的时间。

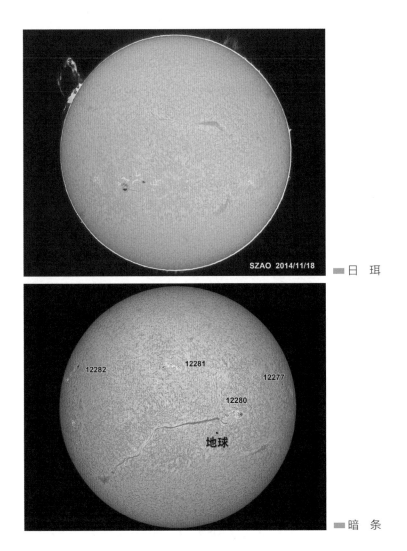

SZAO 2014/11/18

■ 日　珥

12282　　　12281

12277

12280

地球

■ 暗　条

20 世纪 20 年代，海尔改进了太阳单色像观测仪器，对日面边缘日珥的形状和运动进行更系统的观测和分析，同时分析其观测特征的径向运动速度。随后，格林尼治天文台和威尔逊山天文台开始常规太阳单色像观测。基于这些观测，1935 年，格林尼治天文台的哈罗德·牛顿把日珥和太阳暗条分成两类：① 跟黑子不相关的日珥；② 跟黑子及活动区相关的日珥。同时，他还观测到日珥的径向速度达 100 千米 / 秒，在爆发的情况下，速度更大。

同时期，1932 年，威尔逊山天文台的埃德温·佩蒂特提出了更细化的日珥分类，包括六个大类及其子类。他首先按照日珥是否跟黑子相关进行分类，然后再进行细化。六大类包括：活动类、爆发类、黑子类、龙卷风类、宁静类以及日珥类。其中，活动类又分为相互作用日珥、一般活动日珥和日冕活动日珥；爆发类又分为宁静－爆发日珥、一般爆发日珥、爆发拱日珥；黑子类又分为帽状日珥、一般日冕黑子日珥、环状日冕黑子日珥、活动黑子日珥、一般日浪、膨胀日浪、喷射日珥、次发日珥、冕云；龙卷风类又分为柱状龙卷风日珥和骨架状龙卷风日珥。

随着望远镜观测能力的提升和拍照技术的改进，例如日冕仪、单色滤光片和偏振仪的发明，高山天文台（High Altitude Observatory，HAO）开始常规观测色球层和日珥。1953 年，科学家提出不一样的分类方法，他们把物质从上往下流的日珥标记为 A，物质从日冕以下流入日冕的日珥标记为 B，与黑子相连的日珥标记为 S，与非黑子区域相连的日珥标记为 N。这四大类日珥之下又有子类，如下表所示。

■ 日珥分类

A（物质从日冕空间往下流）		B（物质从色球层往上流）	
S（黑子日珥）	N（非黑子日珥）	S（黑子日珥）	N（非黑子日珥）
环状	冕雨	日浪	针状体
漏斗状	树桩状	喷焰	
	树状		
	树篱状		
	悬浮云状		
	土堆状		

同时期也有科学家把日珥分为宁静日珥和运动日珥，宁静日珥进一步分为正常日珥（中低纬日珥）和极区日珥（高纬日珥）；运动日珥包括活动日珥、爆发日珥、黑子（相关）日珥及日浪和针状体。

以上日珥分类是历史形成的，科学家一度把所有太阳边缘突出的特征结构都归类为日珥。然而，随着太阳观测技术和理论的发展，对太阳认识的不断深入，现在人们发现耀斑环、日浪、日冕环、日冕拱、各种物质抛射、大的针状体、冕雨及冕云等特征结构不是日珥。日浪和日冕环，一般和耀斑活动一起发生，是活动区喷流动现象。此外，针状体则是色球层的主要特征结构。

　　日珥和暗条遍布日面，现在科学家根据暗条的位置常把暗条分为活动区暗条、中介暗条和宁静暗条三种。活动区暗条常位于多对黑子活动区之中，中介暗条位于活动区边界，而宁静暗条位于太阳宁静区和极区，但本质上，这些不同位置的暗条都有相同的结构和物理机制。细看暗条，可以看出一个典型的细长的主体叫主干（spine），主干两侧一些突出结构叫倒钩（barbs），主干两端叫末端。

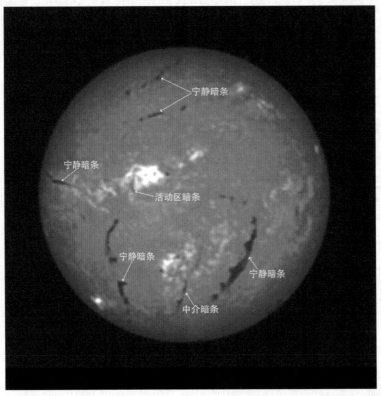

■ 暗条分类

　由羲和号于 2022 年 7 月 11 日拍摄。

活动区暗条的主干相对来说较细直，倒钩比较少且不明显。此外，活动区暗条的寿命比较短，在其几分钟到几个小时的寿命中容易爆发或者触发其他爆发事件，如日冕物质抛射。活动区暗条的形成可能是由于光球层中流场的汇聚和剪切，导致局部磁场随之重新排列。

常见的宁静暗条是树篱状，由一系列长刀片状的小暗条组成。典型的宁静暗条约 5 000 千米宽、30 000 千米高、200 000 千米长。当然，由于暗条形态结构是各种各样的，也有比较长和短的暗条。宁静暗条一般位于高纬区域（>50°）。宁静暗条上通常都会有垂直的螺旋倒钩，倒钩一般以弧形式结束在暗条底部。长时间存在的宁静暗条一般出现在高纬地区，又称极冠暗条，它们会稳定存在几周到几个月，这些暗条也会有部分爆发。低纬区域的暗条则更容易失去稳定性。

中介暗条在弱单极磁场区和活动区之间形成，一般是在衰退的活动区周围发生。典型的中介暗条的长度约为 100 000 千米，部分中介暗条可能有宁静暗条的性质，另外的部分可能有活动区暗条的特性。

高分辨率时间序列观测表明，在暗条中普遍存在流动，有的主干和倒钩中存在稳定的双向流，流速为 10 ~ 20 千米 / 秒。这些流动可以在 Hα 的线翼波段观测到，说明这些流动是物质流动而不是波。这些流动也是局部磁场结构和方向的反应。为了维持暗条的质量平衡，等离子体必须有连续流动，等离子体的损失和注入之间存在一个近似的整体平衡。假设静止暗条的典型长度在 3 万到 10 万千米，流速约 10 千米 / 秒，整个暗条将在 1 ~ 3 小时内进行等离子体物质交换，形成动态平衡。

1239 年，人们就已经注意到了日食时的宁静日珥现象，人们开始迷恋上这种日食时出现的特殊现象。刚开始人们认为它们是月球上"燃烧的洞"或月球的山。1733 年，俄国的记录中认为它们是"红色火焰"。然而奇怪的是，19 世纪初期，人们好像忘了日珥的存在，鲜有文献记载。直到 1842 年的日食时，人们才又注意到日珥，但此时还是不清楚这是太阳的现象还是月球的现象，并且，这一年日食时，不同地方的观测者看到了不同的日珥（那时候已有版画记录下了这些现象），所以有些人甚至认为日珥只是日食时的光学错觉。1851 年，瑞典日食，人们认为这些明亮的结构是云（也就是气体）。也就是在这一次日食时，多位天文观测者发现，随着月球的移动，这些明亮结构的高度会有变化，因此他们认为，这些结构不属于月球。1860 年，由于照相技术的出现，人们在认识日珥上取得重大进展，因为拍照能较为客观地记录下这些结构，而绘画会掺杂观测者的主观意愿。在照相技术的帮助下，人们甚至可以看到一些肉眼看不到的日珥结构。只不过那时候是黑白照相，因此肉眼看红色的日珥还是很重要。1868 年，光谱技术出现并在日食观测中应用，进一步确认了日珥本质上就是一团气体，并且发现了宇宙中第二多的元素氦（仅次于氢）。1931 年，日冕仪的出现让人们不用等日食就可以观测这些日面边缘的迷人结构。20 世纪开始，随着观测技术和理论的不断发展，我们可以更进一步认识日珥。望远镜口径的不断变大，以及像羲和号一样的空间望远镜的发射，让我们可以探索日珥的精细结构和内部动力学过程，最终更深入地揭开日珥之谜。

耀

斑

　　说起耀斑，就不能不提理查德·卡林顿（Richard Carrington，1826—1875）。他是英国一名业余天文学家，拥有一个啤酒厂。19 世纪中叶，卡林顿就像施瓦贝一样每天都观测太阳，但与施瓦贝搜寻太阳系内行星不一样，他是为了确定太阳的自转周期。地球、火星、金星和水星是固体表面，根据天空中的标准星，连续两次在天空中找到同一天体的时间间隔就是地球的自转周期；选定行星表面的某一特征，连续两次观测到的时间间隔就是行星的自转周期。然而，确定太阳的自转周期可没这么简单。虽然可以通过跟踪太阳表面的黑子来确定自转周期，但是赤道附近黑子的运动速度和高纬区域黑子的运动速度不一样，这叫较差自转。卡林顿详细研究了太阳的较差自转，并确定太阳的平均自转周期为 27.3 天。

1859 年 9 月 1 日，卡林顿正在常规观测太阳黑子研究较差自转。突然，他发现了一个不寻常的现象，以前在太阳上没见过，卡林顿在黑子区域观测到亮的特征，并且持续存在了几分钟，其形状、尺度、位置都有所变化。下图显示的是卡林顿所观测到的黑子区域，他把亮的特征标记为 A、B、C、D。如果只是卡林顿单独观测到这个现象，结果可能不可信。无独有偶，另外一位天文学家理查德·霍奇森（Richard Hodgson，1804—1872）也观测到同样的现象。

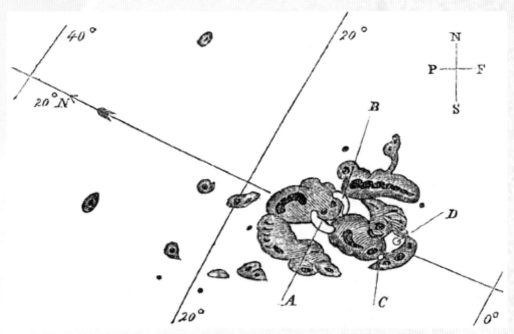

■ 卡林顿观测到的黑子区域中亮的特征

卡林顿和霍奇森观测到黑子区域的异常现象，18 个小时后，地球上演了强烈的极光。极光一般发生在极区，但这次许多在此前无极光记录的低纬地区的人们也看到了极光。这次极光除了发生的范围极广，其强度也令人难以置信，有的地区看到的极光比满月还要亮得多，有的人看到窗外的亮光还以为天亮了。

1859 年，电报机体现了当时全世界最先进的科学技术，它可以通过电缆传送信号。1859 年 9 月 2 日，欧洲的电报系统出现混乱。人们惊奇地发现，电报机切断电源后仍在自动收发信息，而有些电报机则在运行时出现火花。听到极光和电报系统异常后，卡林顿立即把它们和黑子区域的增亮现象联系起来。虽然他不知道这两个事件之间的物理机制，但他确信它们之间是有联系的。所以，卡林顿被认为是发现太阳表面活动现象会影响地球的第一人。后来，**科学家把 1859 年 9 月 1 日认为是"空间天气"的诞生之日，这个事件也叫卡林顿事件。**

自从卡林顿和霍奇森第一次在白光连续谱中观测到耀斑后，太阳上这种局部的、持续数分钟的突然增亮现象一直是个谜。一般来说，在地面和空间可接收到的所有波长范围内都能看到太阳的局部耀斑。为了区分耀斑与太阳大气中其他会变亮的等离子体物理现象，如磁通量的排出或激波的耗散，观测上**将耀斑现象定义为在几分钟到几小时的时间尺度上发生的在所有电磁波谱上的辐射增亮现象。**耀斑是太阳大气中将磁能转化为粒子动能、热和波的现象。

在卡林顿和霍奇森发现耀斑的几年后，越来越多的耀斑被报道出来。因为这时人们已经能够通过色球层的 Hα 谱线来观测和研究太阳，耀斑在这个波段的表现比较明显。但是耀斑的复杂性也让人困惑，它们爆发的位置各不相同，同时产生各种尺度的波，喷射不同能量的物质到行星际空间。

随着射电技术的出现，20 世纪 40 年代，科学家观测到耀斑期间射电波段的辐射会变化几个量级。20 世纪 50 年代末期，科学家利用气球和火箭在 X 射线波段观测耀斑，同样观测到 X 射线波段的辐射增强，这说明耀斑能量释放期间有高能粒子产生。1972 年，人们可以从射电毫米波、光学、紫外线、极紫外线、X 射线到伽马射线整个电磁波段观测到耀斑。进一步研究耀斑的温度、辐射等参数发现，耀斑其实最初是日冕现象，而最早在白光和 Hα 观测的现象只是耀斑引起的连锁反应。

耀斑一般发生在活动区太阳黑子之上。太阳黑子不断演化，形状不断变化，磁场强度也不断增减。当太阳黑子在表面发生变化时，它们上面与太阳黑子相连的日冕环会被拖拽、扭曲和纠缠。这个过程会积累磁自由能，超过临界值后，就会释放能量，转化为动能和热能。

耀斑会伴随着日冕物质抛射和太阳高能粒子事件。耀斑发生的频率随太阳周活动周期而变化，也就是说，太阳活跃的年份（日面上太阳黑子多）耀斑发生的次数多，一天就能发生几个耀斑；而太阳平静的年份（日面基本无黑

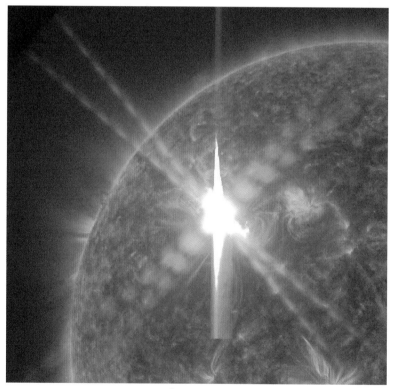

■ X5.4 级耀斑

爆发于 2012 年 3 月 6 日，由太阳动力学天文台观测。

子）基本很少发生耀斑，有可能一周也不发生一个。**耀斑主要发生在日冕中，是储存在日冕中的磁能在几分钟到几十分钟内的突然释放。它会影响到太阳大气的各个层，包括光球层和色球层。耀斑爆发时，里面的物质可以被加热到数千万摄氏度，因此其中的电子、质子和更重的离子可以加速到接近光速。**耀斑发生时，从射电到伽马射线整个电磁波段的辐射都会增强，但是产生大量能量的波段不在可见光范围，因此大多数耀斑肉眼不可见，必须用特殊的望远镜才能观测到，如用在紫外线、极紫外线、X射线波段工作的空间望远镜来观测。一次中等大小的太阳耀斑所释放出来的能量约相当于地球上十万到百万次火山爆发所释放能量的总和。

根据软X射线（能量较低的X射线，$0.1 \sim 0.8$纳米波段）的峰值流量，耀斑可以分为A、B、C、M和X五大类，对应关系如下表。

■ 耀斑分类表

耀斑类型	软X射线峰值流量（瓦/米^2）
A	$<10^{-7}$
B	$10^{-7} \sim 10^{-6}$
C	$10^{-6} \sim 10^{-5}$
M	$10^{-5} \sim 10^{-4}$
X	$>10^{-4}$

每个耀斑大类后面会跟着一个范围从$1 \sim 10$的数字，如X5.4级耀斑就是软X射线的峰值流量为5.4×10^{-4}瓦/米^2，M9.6级耀斑的流量为9.6×10^{-5}瓦/米^2。值得注意的是，在某些极端情况下，耀斑的峰值流量会超过1×10^{-3}瓦/米^2，这时，耀斑级别X后面的数字会大于10，例如，2003年11月4日爆发的耀斑级别就大于X28。

根据不同波段电磁辐射随时间变化的不同，一般可以把耀斑过程分为四个阶段：前相、脉冲相、闪相和下降相。耀斑前相时，可以在软 X 射线和极紫外波段（波长 10 ~ 100 纳米）看到耀斑区域中日冕等离子体开始缓慢加热。在脉冲相，大量高能电子（有些事件中也会有离子）加速，绝大部分能量被释放，硬 X 射线（能量较高的 X 射线，波长 0.01 ~ 0.1 纳米）在这个波段的辐射是最显著的；软 X 射线辐射在脉冲相后达到最大。在闪相，Hα 辐射强度迅速增加。在下降相，除了一些高日冕区域的等离子体由于日冕磁场重构而被加速和抛射，大多数日冕等离子体基本下落到原来的位置。

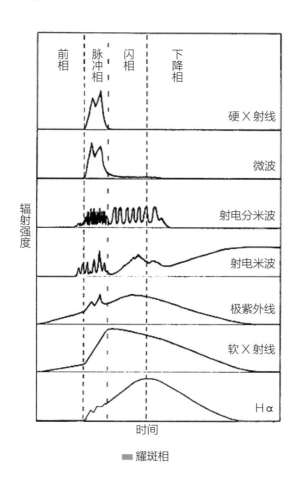

耀斑可以在太阳的任何位置发生，活动区的黑子本影位置、半影位置，宁静区磁网络边界，甚至是磁网络内部等位置都会发生耀斑。然而，常规大的耀斑还是发生在特殊位置，它们发生在活动区，有复杂磁场位形。这些磁场位形可以从光球层的磁场观测中推测出来。比较大的耀斑发生在复杂的活动区中，活动区本影会有复杂的磁场极性，正负极性都有可能包含在同一个半影内。

每个耀斑都有各自的特征，因此，不同波段的观测可能得到耀斑的不同侧面。每一次耀斑似乎都是不同的，这一事实说明了日冕动力学有许多自由度。尽管如此，最近在 X 射线和极紫外线波段中观测到的磁拓扑，证实了耀斑过程的磁重联情况。磁重联已经证明了各种能量尺度耀斑的存在，并极大地促进了我们对日冕现象的理解。

■1996 年以来的十大耀斑

耀斑等级	活动区	爆发日期	开始时间	峰值时间	结束时间
X28+	AR 10486	2003-11-04	19:29	19:53	20:06
X20+	AR 9393	2001-04-02	21:32	21:51	22:03
X17.2+	AR 10486	2003-10-28	09:51	11:10	11:24
X17+	AR 10808	2005-09-07	17:17	17:40	18:03
X14.4	AR 9415	2001-04-15	13:19	13:50	13:55
X10	AR 10486	2003-10-29	20:37	20:49	21:01
X9.4	AR 8100	1997-11-06	11:49	11:55	12:01
X9.3	AR 12673	2017-09-06	11:53	12:02	12:10
X9	AR 10930	2006-12-05	10:18	10:35	10:45
X8.3	AR 10486	2003-11-02	17:03	17:25	17:39

耀斑由一系列过程组成，从日冕的能量积聚开始，到磁结构重组，再到释放磁能结束。这些过程包括磁重联、不稳定性、异常电阻率、粒子加速、粒子传播、日冕和色球层加热、蒸发、质量损失、高频波和磁流体振荡，以及各种辐射机制。

　　上页表列出了 1996 年有记录以来最大的十次耀斑爆发事件。

　　2003 年 10 月中旬至 11 月初，也就是在第 23 太阳周的活动峰年附近，太阳上发生了一系列耀斑爆发，并于 11 月 4 日产生了环境应用静地卫星（GOES）有记录以来的最大的太阳耀斑。环境应用静地卫星的最初估计是 X28 级耀斑，但由于耀斑能级已经让环境应用静地卫星探测达到饱和，所以研究人员根据射电波对地球上层大气影响的观测模拟出这次耀斑的强度高达 X45。这个耀斑是在活动区 AR 10486 中爆发的。从太阳和日球层探测器的观测可以得知，10 月 22 日

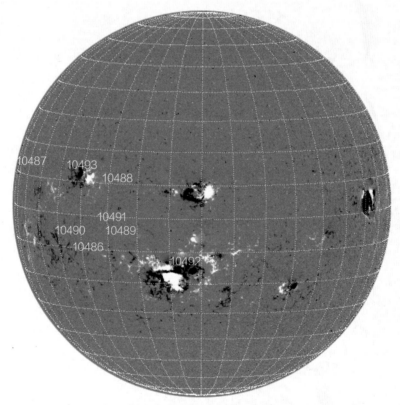

■ 2003 年 10 月 28 日的太阳全日面磁图
11 月 4 日为 AR 10486 中爆发最大耀斑。

前后，AR 10486 从太阳背面转过来，转过来时，它是一个简单的 α 型黑子 **❶**。也就是说，这是个单极性的简单活动区，但可能只是投影的效果，因为刚转过来，AR 10486 活动区内就爆发了强烈的耀斑。10 月 23 日，这个活动区内爆发了两个 X 级耀斑、一个 M 级耀斑和一个 C 级耀斑，最强的耀斑强度达到 X5.4 级。10 月 24 日，这个活动区就迅速演化成 β γ δ 型复杂活动区。也就是说，活动区内有正负极性的黑子，并且这些黑子的一个半影可能包含多个不同极性的本影。此后，这个活动区一直是复杂的 β γ δ 型，直至 11 月 4 日后转到太阳背面。

在整个活动区演化过程中，总共爆发了 7 次 X 级耀斑。作为对比，整个 2003 年，太阳上共爆发了 20 次 X 级耀斑。更为惊叹的是，2003 年最强的前五个耀斑都是爆发在 AR 10486 中！这些耀斑包括 11 月 4 日有记录以来最强的 X28+ 级耀斑、10 月 28 日的 X17.2+ 级耀斑、10 月 29 日 X10 级耀斑、11 月 2 日的 X8.3 级耀斑和 10 月 23 日的 X5.4 级耀斑。此外，还有 10 月 26 日的 X1.2 级耀斑和 10 月 23 日的 X1.1 级耀斑也在 2003 年的前二十大耀斑里。

由于这些耀斑爆发都发生在 11 月 1 日的万圣节前后，因此这一连串的爆发事件（包括 7 次 X 级耀斑、19 次 M 级耀斑和 16 次 C 级耀斑）及多次日冕物质抛射产生的地磁暴被称作万圣节太阳风暴。这次事件使卫星系统和导航受到影响，飞机不能经过靠近极区的高纬区域，瑞典停电一个小时，南至美国得克萨斯州和欧洲的地中海国家都可以看到极光。

---

❶ 美国威尔逊山天文台的黑子群分类：

α 型——单一极性的黑子群；

β 型——正极和负极明显分开的双极性黑子群；

γ 型——正负磁极性分布非常不规则的黑子群；

βγ 型——复杂的双极性黑子群，但没有明显的分界线；

δ 型——相反极性的本影在同一个半影里的黑子群；

βδ 型——整体是 β 型黑子群，但包含一个或多个 δ 型黑子；

βγδ 型——整体是 βγ 型黑子群，但包含一个或多个 δ 型黑子；

γδ 型——整体是 γ 型黑子群，但包含一个或多个 δ 型黑子。

这一系列太阳风暴还致使太阳和日球层探测器短暂失灵，高新化学组成探测器被损毁。许多在轨探测器也遇到了各种各样的问题，导致被损毁或被迫暂时停机。一些探测器则提前设置了安全模式来保护敏感设备。国际空间站上的航天员进入屏蔽更强的轨道舱，以保护自己免受不断增加的辐射的影响。随后，环绕火星的奥德赛号探测器以及前往土星的卡西尼号探测器，都观测到了日冕物质抛射。2004 年 4 月，旅行者 2 号距离太阳已经超过 100 亿千米，还探测到了万圣节太阳风暴在太空中产生的波动。

　　2001 年 4 月 2 日，活动区 AR 9393 中爆发了一次 X20+ 级的耀斑。这个活动区中一共爆发了 4 次 X 级耀斑、24 次 M 级耀斑和 28 次 C 级耀斑。2001 年 3 月 23 日前后，AR 9393 随着太阳自转从太阳背后转出来，刚开始它只是一个简单的双极活动区，也就是一个 β 型活动区。随后，3 月 25 日前后开始，

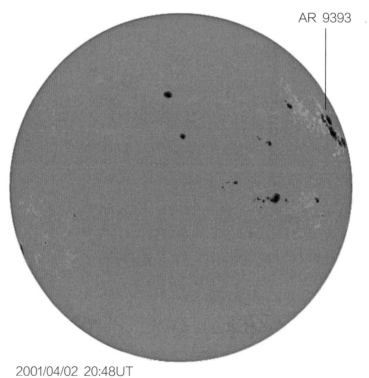

AR 9393

2001/04/02 20:48UT

■ AR 9393 爆发的耀斑

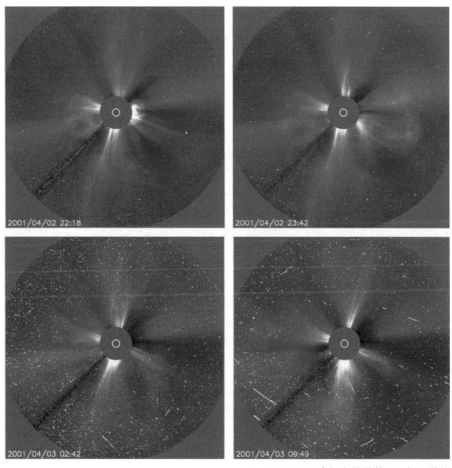

■ AR 9393 中耀斑伴随着日冕物质抛射

它演化成 β γ δ 型复杂的活动区。AR 9393 是一个超级大的黑子活动区，可以说是 1996 年以来第三大黑子活动区。2001 年 3 月 30 日，AR 9393 面积达到最大，此时共有 51 个黑子在这个活动区中，最大面积超过地球表面积的 13 倍。这次爆发的 X20+ 级耀斑甚至比 1989 年爆发的两次大耀斑还要强——1989 年 3 月 6 日爆发的耀斑引发了加拿大 9 个小时的停电，造成了巨大损失；1989 年 8 月 16 日爆发的耀斑引起的地磁暴影响了微芯片，导致多伦多股票市场交易暂停。AR 9393 中爆发的耀斑位于太阳的西北侧边缘，同时，伴随着这个耀斑爆发了一次日冕物质抛射。幸运的是，这次爆发没有直接对着地球，不

2001/04/02 22:06

太阳和日球层探测器观测到的日冕物质抛射

然地球受到的损失可能会超过 1989 年 3 月 16 日的太阳风暴造成的损失。伴随着其他耀斑，这个活动区还爆发了几次日冕物质抛射，产生剧烈的地磁暴，以至在墨西哥都能看到极光。

太阳动力学天文台（SDO）2010 年升空以来，观测到的最大耀斑是 2017 年 9 月 6 日的 X9.3 级耀斑，爆发于活动区 AR 12673 中。AR 12673 中爆发

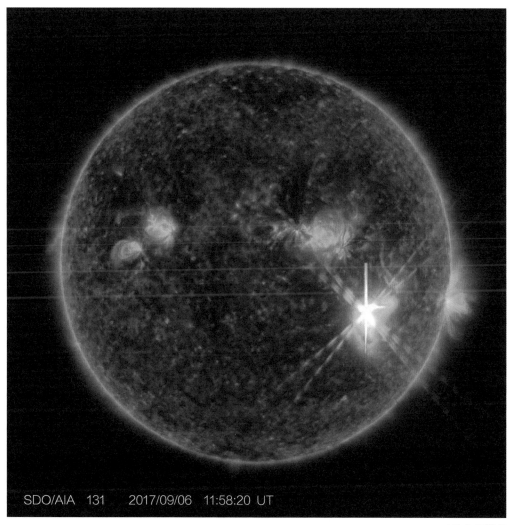

SDO/AIA   131   2017/09/06   11:58:20 UT

X9.3 级耀斑

了 4 次 X 级耀斑、27 次 M 级耀斑和 45 次 C 级耀斑。这是在第 24 太阳周的下降阶段爆发的耀斑。2017 年 8 月 28 日，AR 12673 从太阳背面转出，当时它还是一个只有一个太阳黑子的简单 α 活动区。2017 年 9 月 2 日，它开始迅速增长，在 48 小时内成为第 24 太阳周内最复杂的太阳黑子区域之一。它产生了第 24 太阳周中最强的两个耀斑：X9.3 级耀斑和 X8.2 级耀斑。

4

日冕物质抛射

日冕中大量炽热的带电粒子（等离子体）伴随日冕磁场抛向行星际空间的现象就是日冕物质抛射（Coronal Mass Ejection，CME）。日冕物质抛射一般伴随着耀斑和其他太阳活动现象一起出现，但这些太阳活动之间的相关性目前并不十分清楚。日冕物质抛射是日冕动力学和行星际动力学的重要研究内容。

典型的日冕物质抛射主要由三部分组成：一个低电子密度洞；嵌入洞内的高密度核（主体，在日冕仪的影像中呈现明亮的区域）；一个明亮的前沿。也有一些日冕物质抛射呈现出窄的喷流现象。一个大的日冕物质抛射能够包含 10 亿吨被加速到每小时几百万千米速度的物质。这些被抛射出来的物质主要是由电子和质子组成的等离子体。它们在行星际空间迅速传播，撞击途经的每一个行星或飞行器，造成行星际空间的瞬时扰动，可以引发地球空间的地磁暴、电离层暴和极光等，甚至会对电网造成毁灭性的损坏。有记录以来的最大一次日冕物质抛射，可能是 1859 年 9 月发生的卡林顿事件，造成了当时美国的电报线路起火，电报网络瘫痪。

日冕物质抛射传到行星际空间，也叫行星际日冕物质抛射（Interplanetary Coronal Mass Ejection，ICME）。当行星际日冕物质抛射的传播速度足够快，比它之前的太阳风还快时，就会在行星际日冕物质抛射的前面产生激波，在这种情况下就会加速太阳风粒子。激波是地球上灾害性空间天气的主要源头之一。一方面，观测和研究日冕物质抛射可以让人们理解日冕中磁能的释放、能量的转化、等离子体的动力学等物理基础科学；另一方面，日冕物质抛射造成的极端空间天气事件会给以现代科技为基础的航天、通信等设施造成毁灭性影响，因此，人们需要观测、预测日冕物质抛射。日冕物质抛射的大多数喷发物质来自低日冕层，有时也会有光球层和色球层上温度更低、密度更大的物质抛射出来。这些等离子体物质随着不断膨胀的磁场抛射到太阳系空间。

人们在 19 世纪后期观测到日冕物质抛射相关的耀斑、日珥爆发等太阳活动现象，20 世纪 40 年代观测到太阳高能粒子，50 年代观测到太阳射电暴，60 年代观测到行星际激波，而首次空间日冕物质抛射观测是在 70 年代后期轨道太阳观测台升空后，随后天空实验室、太阳极大 [年] 使者、风太阳探测器升空，日冕物质抛射的观测质量得到提升、观测时长得到增加。到 1995 年 12 月 2 日，太阳和日球层探测器（SOHO）升空，它上面的日冕仪开始

■ 2000 年 2 月 27 日的一次日冕物质抛射爆发
呈现典型的"灯泡"形状，白色的圆圈内是太阳日面。

每天监测日冕物质抛射。值得一提的是，太阳和日球层探测器最初的设计寿命只有两年，然而直到 2023 年，这位太阳探测的"老兵"还在服役，预计它要到 2025 年才会结束任务。在这漫长的 20 多年时间里，太阳和日球层探测器日冕仪除了观测日冕，还观测到 4 000 多颗彗星。2006 年，日地关系观测台（STEREO）也加入日冕观测的行列。这些早期的观测同时结合了地面白光日冕仪的观测。

日冕物质抛射的平均速度可达 489 千米 / 秒，最快可达 3 200 千米 / 秒。当这些物质对地球抛射时，从太阳出发，平均 3.5 天可到达地球，在极端情况下，最快的 13 个小时就可以到达地球。

早期，人们通过行星际射电闪烁和太阳神号探测器上的黄道光光度计观测到行星际瞬变现象。太阳神号探测器观测的是离太阳 0.3 ~ 1.0AU 范围内的瞬

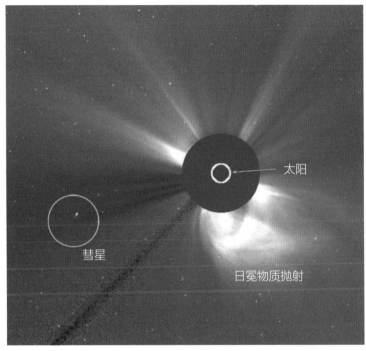

太阳

彗星

日冕物质抛射

■ 日冕物质抛射及新发现的彗星

2015 年 2 月 20 日，太阳和日球层探测器发现的一颗新彗星绕着太阳旋转。

变现象，因此视场比较小。直到 21 世纪，各种日球成像仪升空，包括科里奥利实验卫星上的太阳物质抛射成像仪（SMEI），以及日地关系观测台上的日球层成像仪，越来越多的日冕物质抛射被探测到。发射升空后，太阳物质抛射成像仪观测到 400 多个行星际瞬变现象，日地关系观测台的日球层成像仪观测到 1 340 个日球扰动事件，而太阳和日球层探测器迄今已经观测到 10 000 多个日冕物质抛射。

　　总体来说，日冕物质抛射的基本特性变化很大，包括它们在日面爆发的位置、速度、加速度、抛射的质量和能量等，当然有些特性变化是由于成像的投影效应。它们的速度、加速度、质量和能量会有 2 ~ 3 个数量级的变化，它们的角宽度会超过耀斑活动区尺寸的 3 ~ 10 倍。

　　对日冕物质抛射的观测可以通过人工查阅日冕仪成像数据的方法，也可以通过自动程序的方法，但这两种方法有所差别。因为人工查阅的方法会略过宽度比较窄（<20°）的日冕物质抛射，而自动程序能够识别到这些日冕物质抛射，然而还在一定程度上依赖观测者的主观性。目前来说，人们对日冕物质抛射的识别和测量仍然有些主观，对于日冕物质抛射或其组成部分的标准定义还没有达成共识。日冕物质抛射最初的定义：在几十分钟的时间尺度内，视野中出现新的、离散的变亮现象，并且这些变亮现象总是向外运动。有些科学家认为，在日冕中观测到来自太阳的喷发，无论多么微弱或狭窄，都应视为日冕物质抛射；而另一些科学家则认为，只有这些喷发有一定的大小或结构时，才能称为日冕物质抛射。典型的日冕物质抛射涉及磁通量绳的爆发，但日冕磁场不能直接测量。因此，目前对日冕物质抛射的定义还有争议。

从白光日冕仪的观测发现，日冕物质抛射的产生率在相位和幅度上都跟太阳周基本保持一致。也就是说，太阳黑子多的时候，日冕物质抛射更有可能产生。但是，日冕物质抛射的峰值时刻会比太阳黑子数的峰值时刻晚几个月。这是由于有些日冕物质抛射与极区暗条爆发有关，这些暗条的爆发比低纬区域黑子数的演化要晚。在太阳活动峰年，太阳每天会爆发 3 个左右日冕物质抛射；而在太阳活动谷年，约 5 天爆发 1 个日冕物质抛射。第 23 太阳周和第 24 太阳周记录的日冕物质抛射要比前面几个太阳周的多，这是因为太阳和日球层探测器观测灵敏度的提高使更多的日冕物质抛射被观测到。

由于太阳和日球层探测器和日地关系观测台灵敏度、视场和动态范围的提升，观测到晕日冕物质抛射（对地方向运行的日冕物质抛射）的频次也得到提升。在所有的日冕物质抛射中，部分晕日冕物质抛射占 6%，全晕日冕物质抛射只占 4%。研究发现，晕日冕物质抛射的速度要比非晕日冕物质抛射的速度快，能量也比非晕日冕物质抛射大，但这可能受到观测条件的影响。

在太阳活动极小年前后，日冕物质抛射中心位置多集中于赤道附近，而在太阳活动极大年前后，在所有纬度上都有分布。日冕物质抛射爆发位置的纬度变化与冕流、日珥更相像，而与活动区或太阳黑子的位置不一样。日冕物质抛射的这种位置分布和太阳的全球磁场变化相关。日冕物质抛射的平均角宽度在太阳极大年和太阳极小年会有所不同。太阳极小年时，平均角宽度为 47°，而太阳极大年时增加到 61°。

据估计，日冕物质抛射前沿的视向速度变化范围从 20 千米 / 秒到超过 2 500 千米 / 秒。在整个太阳周内日冕物质抛射的速度变化也有几百千米每秒，但目前人们对速度变化和太阳黑子数之间的关系还不是很清楚。在日冕仪视场内，一个典型的日冕物质抛射在超过 2 个太阳半径后其速度相对稳定，但对于非常低速的日冕物质抛射来说会有加速现象，而对于非常高速的日冕物质抛射来说则会有所减速。考虑到日冕物质抛射必须推动其周围的太阳风，因此在外层日冕中，其速度在 400 千米 / 秒左右。大多数日冕物质抛射最初加速是在低日冕（2 个太阳半径以内），平均加速度为 264 米 / 秒 ^{2}。一般来说，活动区的日冕物质抛射更有可能保持稳定的速度，而与日珥爆发相关的日冕物质抛射更有可能有稳定的加速度。耀斑相关的日冕物质抛射一般有三个阶段的动力学过程：最初几十分钟内缓慢上升（速度小于 80 千米 / 秒），在耀斑上升相，日冕物质抛射在 1.4 ~ 4.5 个太阳半径内以 100 ~ 500 米 / 秒 ^{2} 的加速度快速加速，最终速度不变向外传播或减速向外传播。

确定日冕物质抛射的质量需要在汤普森散射理论下对观测结果进行艰难标定，因此具有极大的不确定性。从天空实验室、太阳极大 [年] 使者、风太阳探测器等老的卫星上的日冕仪探测可知，日冕物质抛射的平均质量为 10^{12} 千克量级，后来太阳和日球层探测器观测的日冕物质抛射的平均质量会稍微小点，约 1.6×10^{12} 千克，这可能是由于太阳和日球层探测器的观测灵敏度更高，能观测 10^{10} 千克量级的日冕物质抛射。日冕物质抛射的质量也与太阳周有关，不同的太阳周其质量有所不同。由于缺乏校准信息，相对于背景噪声，日冕物质抛射比较暗弱，用白光图像测量日冕物质抛射的质量和能量是一项艰巨的任务，另外还会受到投影效应和视觉效果的影响。

储存在日面中自由磁能的释放可能是引发日冕物质抛射的原因，并且，自由磁能释放的方式可能有多种，包括日冕物质抛射的膨胀和暗条的爆发、电磁辐射以耀斑的形式增强、高能粒子的加速、磁场重构及等离子体整体运动。随着 2010 年太阳动力学天文台（SDO）的升空，实现了极紫外波段高时间分辨率、高空间分辨率成像，科学家可以观测和研究日冕物质抛射的最初形成、快速膨胀及其与磁绳之间的关系。用太阳和日球层探测器及日出卫星（Hinode）的观测数据，可以探测日冕物质抛射的密度、温度、电离度和多普勒速度。

迄今，关于日冕物质抛射的起源、传播和其对日冕层的影响等问题，仍然未得到很好的解决，地面和空间观测技术的发展、理论的进步有望推动研究的进一步发展。

5

太阳活动对人类的影响

正如地球大气层会受到猛烈的破坏性风暴的影响，太空环境也会受到来自太阳的强烈爆发，如耀斑和日冕物质抛射的剧烈影响。这些来自太空的风暴，定义了我们的空间环境的天气。有时候空间风暴会产生剧烈的激波，使地球磁场环境改变和磁层变形，极高能的粒子辐射能够穿透卫星保护罩，损坏电子设备。更重要的是，可能还会影响到航天员的健康。此外，空间天气效应不仅限定在空间环境中，还有可能到达地面，威胁飞机飞行，损坏电网系统。

在介绍了太阳耀斑、日珥和日冕物质抛射之后，我们可以给太阳上这些剧烈的爆发活动归个类，将它们统称为太阳风暴。**太阳风暴指的是太阳上发生的剧烈爆发活动及其在日地空间引发的一系列强烈扰动，它的类型主要有耀斑、日冕物质抛射和太阳粒子事件。**

如果我们能提前知道太阳风暴何时到来，就能提前做好预防工作，尽可能地把损失降到最小。

研究地球大气层中的天气现象和天气变化过程是天气学的范畴。与此类似，我们也要了解太阳及其他恒星爆发对地球附近的行星际空间产生剧烈扰动及一系列响应机制，以减轻灾害和减少损失，这就是新兴学科——空间天气学的范畴。

一般认为，**1859 年 9 月 1 日是空间天气的诞生日**。这一天，英国天文学家卡林顿在观测太阳黑子时，看到黑子区域突然增亮。接下来的两周内，电报线路出现故障，位于北纬 20°左右的古巴都可以看到极光，世界各地测量地磁场的磁力计数据异常……这些都是太阳上的超级耀斑带来的影响。1989 年 3 月 13 日，一场强烈的地磁暴使加拿大魁北克省的电力中断了 9 个多小时，并损坏了变压器，造成多地电力异常。2003 年 10 月，一场太阳风暴导致瑞典南部地区停电，南非多个变压器被损毁。每隔几十年或几百年会发生一次大的太阳风暴。

根据强度不同，可以将空间天气事件分为三类：① 一般恶劣的空间天气事件，发生的概率比较大，在太阳活动峰年很常见，一年内会发生多次，但是对地球的影响很小；② 严重到极端的空间天气事件，约 11 年的太阳周内会发生 1 ~ 5 次，这类事件可能对地球基础设施产生重大影响；③ 超级极端的空间天气事件（超级太阳风暴），发生的概率很低，100 ~ 500 年内有可能只发生 1 次（如 1859 年的卡林顿事件）。可以看出超级极端空间天气事件发生的概率最低。

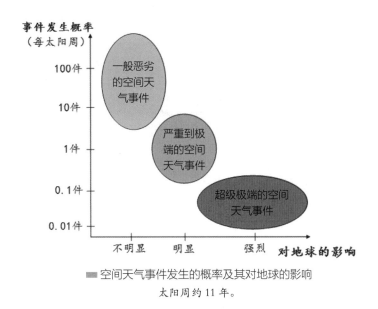

■ 空间天气事件发生的概率及其对地球的影响

太阳周约 11 年。

太阳风暴通过三种形式对地球产生影响：

（1）耀斑爆发时产生的增强的电磁波辐射。以光速传播，8 分 19 秒就可以到达地球空间，引起电离层的突然扰动，影响短波通信。

（2）高能带电粒子。需要十几分钟到几十分钟到达地球空间，引起极区电离层密度增加，产生电波极盖吸收事件和极光。此外，它们还会轰击航天器，对其造成损害。

（3）日冕物质抛射产生的等离子体云。需要 1～4 天才能到达地球，它们首先与地球磁层发生相互作用，引起地球磁场变化，产生磁暴，随后引发地球空间高能电子暴、热等离子体注入、电离层暴、高层大气密度增加等多种空间环境扰动事件，对卫星、导航通信系统及穿越极区的飞机产生一系列严重影响。

因此，一次太阳爆发活动可以在近地空间产生三轮性质不同的剧烈作用和冲击。

鉴于超级太阳风暴会对依赖现代技术的多种设施产生严重影响，了解太阳风暴、提高预报的准确性、研究灾害减缓策略就显得尤为重要。

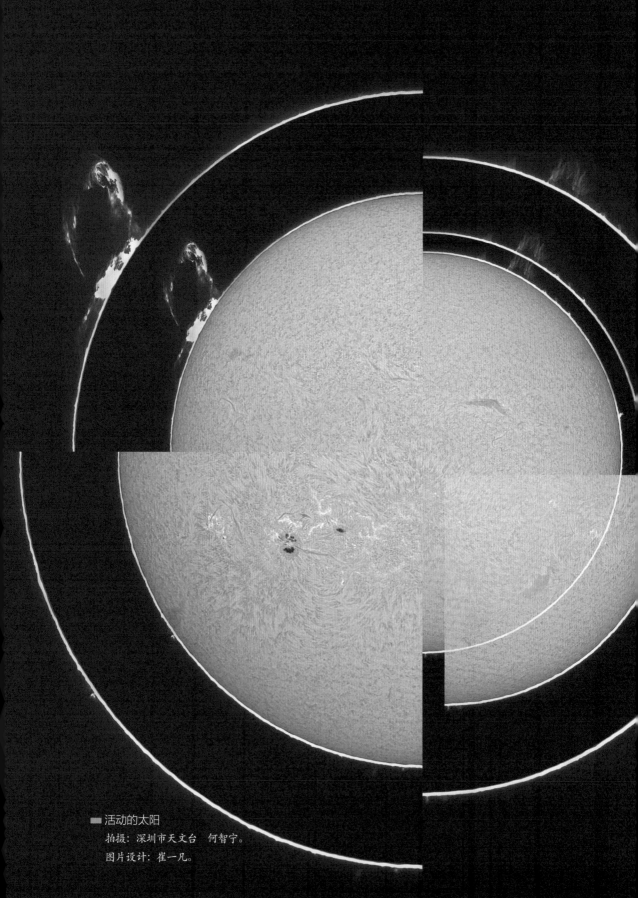

活动的太阳

拍摄：深圳市天文台　何智宁。

图片设计：崔一凡。

第四章

太阳的演化

1

太阳的诞生

现在，让我们回到 50 亿年前，那时候还没有太阳，但宇宙中有其他恒星存在。有些恒星间会有巨大的气体和尘埃云，也就是所谓的星云。就像宇宙中其他恒星一样，**我们的太阳也起源于这些巨大的气体和尘埃云**。由于受到一些外部影响（如与其他星云的碰撞或者附近有恒星爆炸），部分星云在自身的引力影

响下开始收缩。这个过程相当缓慢，会持续上万年，并且星云多个位置会进行同样的过程。

　　下图中的蜘蛛星云是迄今发现的最为壮观的区域之一，距离地球大约 160 000 光年。这一星云形成于几百万年前，整个区域宽约 2 000 光年，位于大麦哲伦星系，可以发现一大群年轻明亮的蓝色恒星镶嵌在发光的红色星云中，是银河系附近最大、最亮的恒星形成区之一。

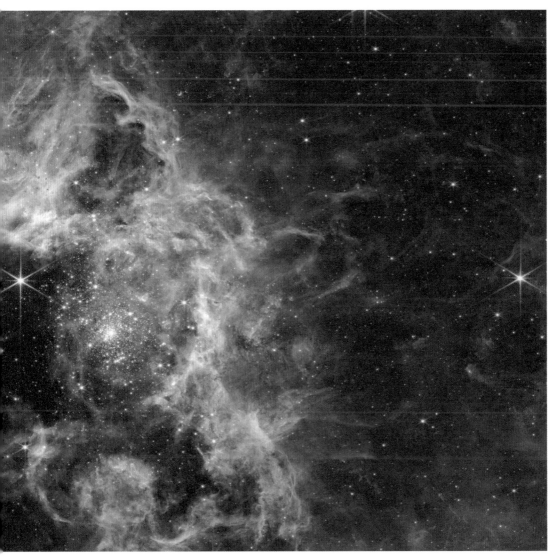

■ 詹姆斯·韦布空间望远镜拍摄的蜘蛛星云

气体和尘埃云在引力的作用下持续收缩，直到整团气体足够热、足够致密，引发核聚变。简单来说，就是这团收缩气体中心的氢在高温高压下聚变成氦。只要开始发生核反应，一颗新的恒星就诞生了。核聚变释放的能量产生从核心向外的力，如果核聚变的速率足够高，向外的力足够大，就可以抵抗气体云的进一步收缩。纵观恒星一生，两种力持续在"战斗"，引力让恒星收缩，而核聚变产生的力抵抗恒星塌缩。当这两种力处于动态平衡时，恒星就处于主序星阶段。目前，我们的太阳就正处于这个阶段。然而，两个氢聚变成氦所产生的能量如何能抵抗恒星巨大引力的塌缩呢？答案就存在于可能是有史以来最著名的方程之一——爱因斯坦质能方程（$E = mc^2$）中。这个方程表明，能量 E 等于质量 m 乘以光速 c 的平方，其本质是能量和质量可以互换。

在说太阳的核聚变之前，让我们了解一点原子的知识。原子由原子核和围绕原子核的电子组成，而原子核一般包含质子和中子。质子和中子的质量约是电子的 1 800 倍，因此在考虑原子质量时，电子的质量一般可以忽略不计。质子带正电，电子带负电，中子不带电。一种特定的原子由质子数来确定，中子数可以各不相同。就太阳核心来说，既有氢，也有重氢（也叫氘），它们都是氢，因为都含有一个质子。氘还有一个中子，而常规的氢没有中子。在太阳核心中，主要参与核反应的是氘（当然这里我们简化了，在氢聚变成氦之前，还有氢变成重氢的过程）。两个氘聚变成氦时，会有质量的损失，那么损失的质量去了哪里呢？质能方程告诉你答案——变成了能量。而且太阳内部每秒钟发生 10^{37} 次这样的反应，再乘以巨大光速的平方，这就可以解释为什么核聚变反应能抵抗巨大的引力塌缩了！

向内的引力和向外的核反应产生的力平衡时，恒星就能稳定存在。当某一方减弱时，恒星要么会持续塌缩，要么膨胀，就像太阳大概 50 亿年后会变成红巨星，最后会变成白矮星一样。根据恒星质量的大小，有些恒星最终会变成白矮星，质量大一点的最终会变成中子星，甚至黑洞（引力大到连光都不能逃离）。

2

太阳的成长

迄今为止，太阳已经"年近半百"，已经接近它整个生命的一半。**太阳是 46 亿年前由一团氢和氦组成的巨大的分子云塌缩而成的。**这些分子云在塌缩的过程中会不停旋转，压强增加，自身开始加热。在此过程中，大部分质量集中于中心，周围圆盘的一些物质则形成行星和太阳系的其他天体。圆盘上的物质持续聚集到中心，在引力和压强的作用下会产生大量的热。这个阶段称为恒星演化过程中的原恒星阶段，像太阳一样的小质量恒星在这个阶段会持续几十万年。随着质量的增加，中心温度和压强会越来越高，当高温高压达到一定程度时，就会触发核聚变——把氢聚变成氦，恒星进入主序星阶段。

在主序星阶段，日核里每秒有约 400 万吨的质量转换成能量，从而产生光（和中微子）向外辐射。按照这个转化速度，太阳到目前为止已经转化了大约 100 倍地球质量的能量，但这只不过是太阳总质量的 0.03%。太阳会在主序星阶段持续约 100 亿年。

进入主序星阶段后，由于核反应，日核会变得越来越热。随之，太阳表面也会越来越热，太阳半径也越来越大，整体变得越来越亮。太阳进入主序以来，它的半径增加了15%，表面温度从5620开尔文升高到5777开尔文，光度增加了48%。这是因为日核中氢聚变成氦，而氦的分子量比氢多，导致热压减小。这样，太阳的核心就在收缩，太阳的外层物质向中心移动，从而释放引力势能，其中一半转化为热能，这就会导致聚变速度逐渐增加，从而增加光度。随着日核密度逐渐增加，这一过程会加快。目前，太阳的亮度每1亿年增加约1%。大约50亿年后，日核中心的氢就会聚变殆尽，日核继续收缩，释放的引力势能让太阳光度持续增加，主序星阶段结束。

接下来的10亿年，太阳外层膨胀，首先进入亚巨星阶段，随后进入红巨星阶段。核心氢聚变结束后，由于引力收缩的热量会让日核外边壳层的氢发生聚变，太阳的光度继续增加，最终会增加到目前光度的1000倍左右。当太阳进入红巨星阶段时，膨胀的太阳会吞没水星甚至金星，最终会膨胀到0.75AU的位置。太阳在红巨星阶段会存在约10亿年，损失约1/3的质量。

红巨星阶段结束后，太阳大约还有1.2亿年的活跃寿命，但很多故事还会继续。首先，此时太阳核心都是氦，氦核会被剧烈点燃产生氦闪。据估计，氦核约占整个太阳质量的40%，核心6%的氦几分钟内聚变成碳。然后太阳内部会缩小到现在的十分之一大小，亮度是现在的50倍，温度比现在略低。在大约1亿年的时间里，核心的氦继续发生反应，整个太阳会稍微变大一些，变亮一些。

当太阳中心的氦耗尽时，太阳会重复氢耗尽时的膨胀过程。只不过，在这个阶段，膨胀得会更快。此时，太阳变得更大、更亮。如果此前太阳还没有吞没金星，这时金星必然会被吞没。太阳进入渐近巨星支阶段，壳层的氢和更深壳层的氦交替反应。在进入渐近巨星支约2000万年后，太阳变得越来越不稳定，质量迅速下降，脉冲式向外辐射热量。每次热脉冲都会增大，最终太阳光

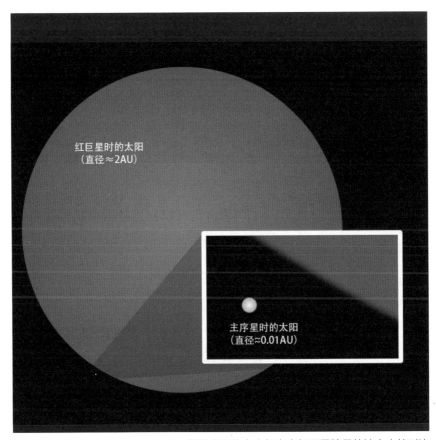

红巨星时的太阳
（直径≈2AU）

主序星时的太阳
（直径≈0.01AU）

■ 当前太阳的大小与未来红巨星阶段估计大小的对比

度会达到目前的 5 000 倍，太阳半径达 1AU。然而，太阳在红巨星阶段，由于质量损失，引力减小，导致地球外移，地球轨道由目前的 1AU 增加到 1.5AU。太阳在渐近巨星支后期演化得更快。随着温度的升高，太阳光度基本保持不变，当暴露的核心温度达到 3 万开尔文时，太阳喷射出的一半质量被电离成行星状星云，而裸核则变成一颗白矮星，温度将超过 10 万开尔文，质量约为目前太阳质量的 54.05%。行星状星云将在大约一万年后消散在宇宙中，但中心白矮星会存在数万亿年，理论上最终变成黑矮星。

3

太阳的归宿

恒星的寿命和最终归宿与其质量有关，**像太阳这样的小质量恒星，其寿命约 100 亿年**。大质量恒星的寿命只有几百万年，而最小质量恒星的寿命可达几万亿年。

像太阳一样质量的恒星核聚变停止后，核心塌缩成白矮星，外层成为行星状星云。10 倍于太阳质量及以上的恒星演化到最后是超新星爆发，中心铁核塌缩成致密的中子星或黑洞。

对于太阳或跟太阳质量相近的恒星来说，演化后期会成为一颗白矮星，质量约为 $0.6 M_\odot$。白矮星之所以能够稳定存在，是因为向内的引力和向外的

■ 不同质量恒星的寿命

质量 / $M_\odot$	寿命 / 年
60	300 万
30	1 100 万
10	3 200 万
3	3 亿 7 000 万
1.5	30 亿
1	100 亿
0.1	几万亿

注：$M_\odot$ 为太阳质量。

电子简并压 ❶ 相平衡。电子简并压能够阻止恒星进一步收缩，因此，对于给定化学成分的恒星，质量越大，体积越小。

刚形成的白矮星非常热，表面温度超过 10 万开尔文，核心更热。在如此高温的情况下，在白矮星刚形成后的 1 000 万年里，它的很多能量都是以中微子的形式抛到宇宙中，而接下来的 10 亿年的时间里，它的大部分能量也会辐射到宇宙空间中。

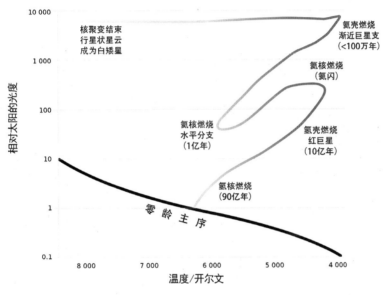

■■ 太阳从主序到渐近巨星支及其之后的演化赫罗图

太阳质量的恒星在氦聚变成为碳之后不能"点燃"碳，因此它会形成一颗主要由碳和氧组成的白矮星。最终，白矮星由于能量的损失会成为一颗冷暗的黑矮星。不过黑矮星只是理论上的预言，目前还没有被观测到，因为宇宙的年龄"只有"138 亿年，而黑矮星的形成要超过这个年龄。

白矮星的质量上限是 $1.4M_\odot$，超过这个质量，白矮星就不能稳定存在，会成为中子星或黑洞。

---

❶ 电子简并压是一种量子力学效应，它描述了在极高密度条件下，电子气体由于泡利不相容原理而产生的抵抗压缩的力。泡利不相容原理规定，在同一量子态中不能存在两个具有完全相同量子数的电子。

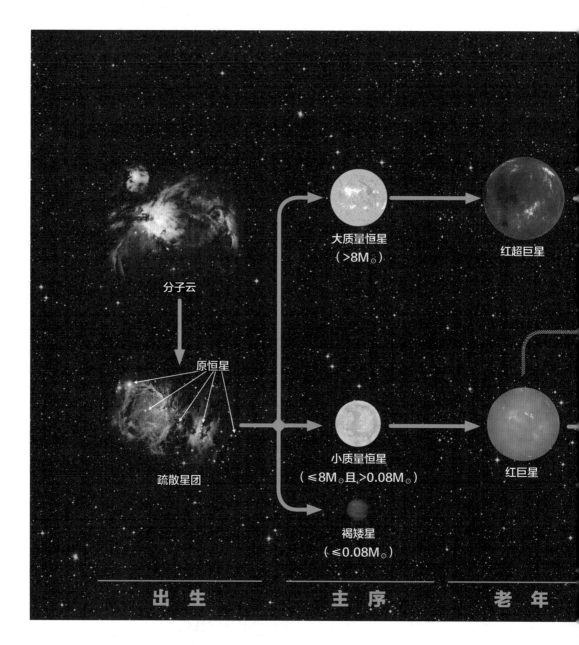

分子云

原恒星

疏散星团

大质量恒星
（>8M☉）

红超巨星

小质量恒星
（≤8M☉且>0.08M☉）

红巨星

褐矮星
（≤0.08M☉）

出 生　　　　　　主 序　　　　　　老 年

　　在这漫漫的时间长河中，人类探索宇宙的脚步永不停止。对于持续给人类光和热，让人类得以生存、繁衍、创造文明的太阳，我们更希望对它认识得多一点。因此，人类会通过制造大口径的望远镜精细化认识它、发射空间望远镜多角度认识它。羲和号只是我国空间探测太阳的第一步，在羲和号的引领下，未来我国会有更多的空间探测器进一步认识我们的太阳！

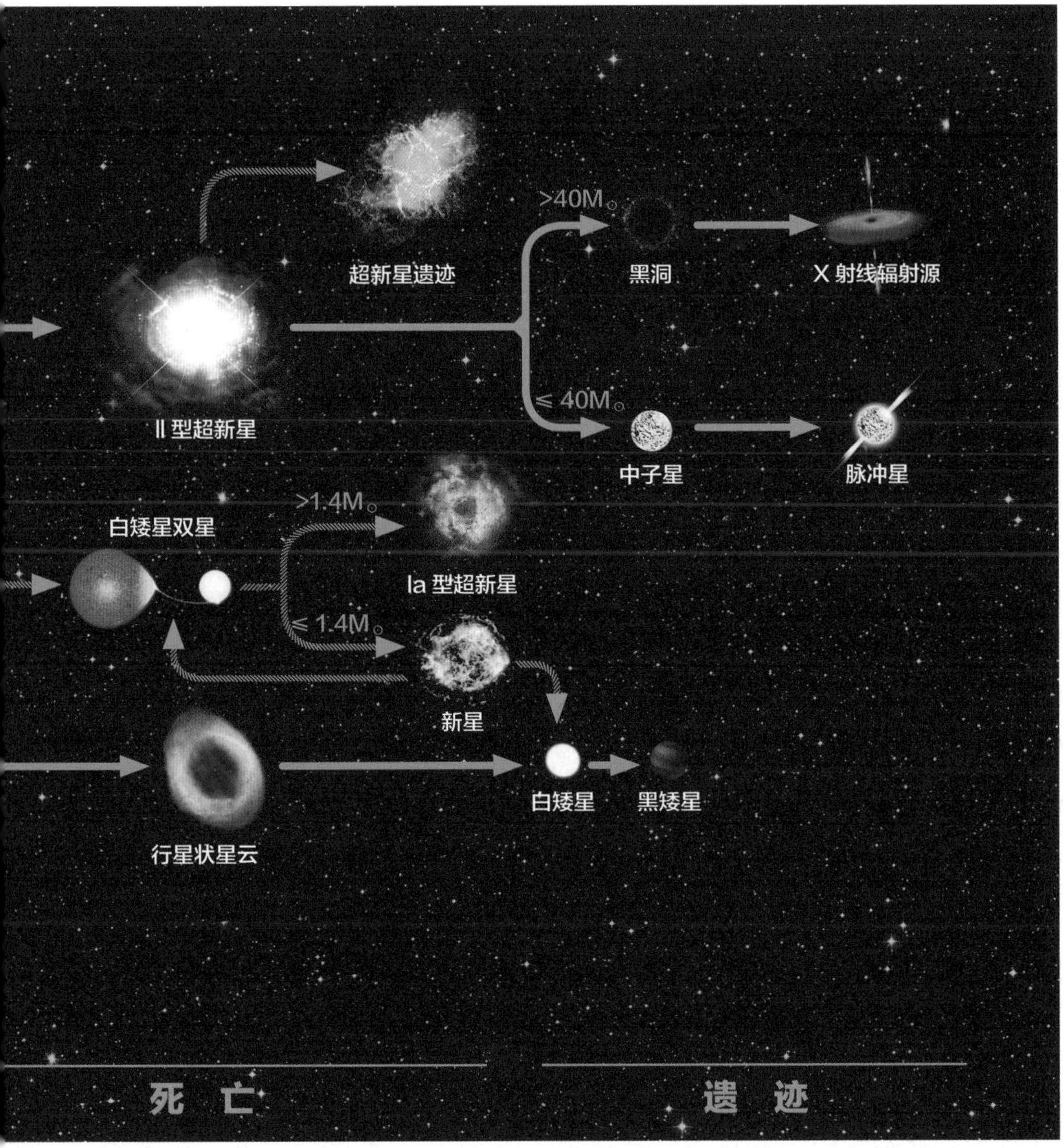
超新星遗迹
>40M⊙
黑洞
X 射线辐射源
II 型超新星
≤ 40M⊙
中子星
脉冲星
>1.4M⊙
白矮星双星
Ia 型超新星
≤ 1.4M⊙
新星
白矮星
黑矮星
行星状星云
死 亡
遗 迹

恒星生命周期图

其中，褐矮星是质量小于 0.08 M⊙的天体，这类天体的中心温度不足以让氢产生核聚变。国际天文学联合会将褐矮星定义为质量足以让氘（氢的同位素）产生核聚变的恒星，也就是说褐矮星的质量要大于 0.012 5 M⊙（约 13 个木星质量）。

■极 光
　拍摄：深圳市天文学会　徐连达。

第五章

太阳、极光
观测指南

1 太阳观测

现在，我们已经了解了关于太阳的许多知识，但大部分人还没有真正地去观察这颗距离我们最近的恒星。太阳是明亮的，也是刺眼的，在阳光下你的皮肤能感受到太阳带来的温度，强劲的能量让你很难直视太阳。然而，太阳是太阳物理学家的研究对象，也是天文爱好者重要的观测对象。2023 年正值第 25 太阳活动周峰值前后，太阳活动丰富，日面上有很多漂亮的黑子、日珥 / 暗条，有时还会看到壮观的太阳耀斑。

在观测太阳的过程中，大家要切记，**千万不要将没有任何防护措施或滤光的望远镜对向太阳并用眼睛直接观看，否则将会对你的眼睛造成不可挽回的伤害。**就算不使用望远镜，用裸眼直视太阳也会造成眼睛对颜色感知的改变、视觉扭曲等，一般需要在远离太阳的地方待上几分钟，视力才能恢复正常。唯一可以裸眼看太阳的情况就是日全食的时候，日全食前后偏食期间也不能直接观看。然而，日全食比较罕见，只在特定的区域（日食带）持续几分钟的时间。

那么平时我们该如何科学地观测太阳呢？

使用日食眼镜来观测太阳

日食眼镜通常是用普通眼镜形状的纸板制成的，在镜片处装有滤光片。也有一些日食眼镜没有使用"眼镜"的形状，而是在一块小板中心放置滤光片。日食眼镜使用黑色聚合物或银色聚酯薄膜滤光片，能滤掉 99.999 9% 的阳光。使用不同的滤光片材料会看到不同颜色的太阳：用黑色聚合物滤光片会看到橙色的太阳，用银色聚酯薄膜会看到蓝白色的太阳。我们不能用普通的太阳镜看太阳，因为它只能阻挡大约 20% 的阳光。"在玻璃片上涂抹墨汁"或"用蜡烛熏黑玻璃"等方法存在不均匀性的问题。当然，你也可以选择生活中常见的电焊眼镜，这里建议使用 14 号电焊眼镜。日食眼镜和太阳滤光片要符合 ISO 12312-2 国际标准才安全。

顾名思义，日食眼镜是观测日食的最佳选择，也是在观测日食中必不可少的一种工具。在日偏食期间，当月球挡住一小部分的太阳表面时，使用日食眼镜可以清晰地看到这种宇宙奇观。当太阳完全被挡住时（日全食），就不需要使用日食眼镜，可以直接裸眼观看了。

当太阳表面有较大的黑子群时，你可以使用日食眼镜看到它们，而稍小的黑子则需要通过放大才能看到。

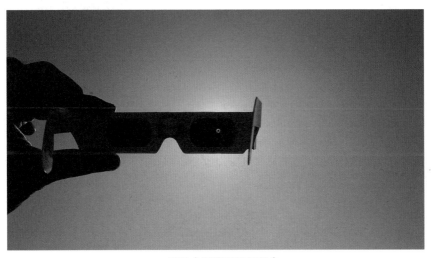

■用日食眼镜观看日环食

日食眼镜便宜且易于使用的特点，让它成为太阳观测入门的必备工具之一。它也可以让你安全地观看太阳，但缺点就是没办法让我们看清太阳表面的细节。

使用装有巴德膜的望远镜观测太阳

巴德膜，英文名叫作"Baader AstroSolar"，取意为产自巴德公司的膜。巴德膜其实就是太阳滤光片，外观是银色的薄膜，20 世纪 90 年代末进入市场，具有良好的光学性能，能进行各种太阳观测。虽然不是真正的聚酯薄膜——它被称为铝箔——但在外观上与聚酯薄膜相似。透过巴德膜的太阳光是白光。太阳亮度极高，天文望远镜必须加上巴德膜或其他滤光装置才能观测太阳，否则会损坏眼睛和仪器，即使加上了巴德膜也很容易在目镜里找到太阳。只有用巴德膜套件上的三个螺丝把巴德膜固定在望远镜的前端后，才能安全地观测太阳。

巴德膜作为一种产品，其规格按密度分为 3.8 和 5.0 两种。密度 3.8 的主要为太阳摄影使用，对应透光率约为十万分之十六，用于摄影器材拍摄，其密度不足以在目视时保护眼睛不受伤害；另外一种密度是 5.0，对应的透光率为

▃▃ 前端增加了巴德膜的望远镜

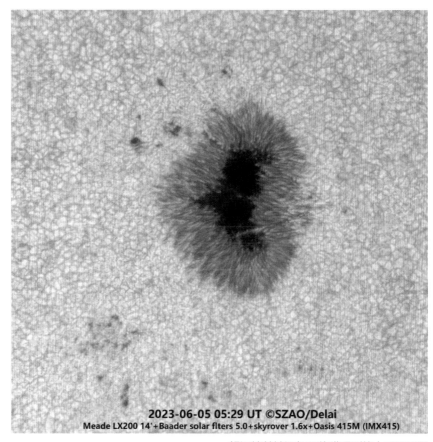

2023-06-05 05:29 UT ©SZAO/Delai
Meade LX200 14'+Baader solar fiters 5.0+skyrover 1.6x+Oasis 415M (IMX415)

■ 望远镜前端添加巴德膜观测的太阳黑子图

十万分之一，这是用来肉眼观察太阳的。你也可以使用巴德膜动手制作一副日食眼镜。

在观测或拍摄日全食时，巴德膜也是很多人的首选。因为在食甚时，你可以很方便地摘掉巴德膜，进行观测和拍摄，切记在食甚即将结束时，请立即盖上巴德膜或停止观测。

巴德膜也有缺点，它毕竟是一张膜，如果你没有较好地把巴德膜固定在望远镜物镜端，外界的不确定性，如风会将其掀开，如果你正在目视观测太阳，这将是很危险的一件事。所以建议大家在观测前，一定要细心地将巴德膜固定好。另外，不小心刮到巴德膜也极有可能使其表面出现破损。每次使用巴德膜时，第一步就要确定其是否有破损，如果有，请更换完好无破损的巴德膜后再进行观测。

使用装有赫歇尔棱镜的望远镜观测太阳

在滤镜出现之前，许多太阳观测者发现使用小角度棱镜可以观测太阳，这种棱镜通用名称是赫歇尔棱镜。赫歇尔棱镜是 19 世纪早期约翰·赫歇尔发明的，约翰·赫歇尔的父亲正是大名鼎鼎的天王星发现者——威廉·赫歇尔爵士。赫歇尔棱镜用一块薄薄的楔形或棱镜状的玻璃将大约 5% 的入射太阳光线反射到望远镜的目镜上，而大部分的光及具有破坏性的热量，则从棱镜的背面透过，使观测者可以通过"白光"安全地看到日面及太阳黑子。赫歇尔棱镜的原理是太阳光通过物镜聚焦后从左边射入，经过反射进入目镜端。这个棱镜系统有两个目的：一是减光，二是散热。棱镜的后表面包含吸收元件和散热通风口。赫歇尔棱镜的工作原理如下。

第一步减光：用一个棱镜的侧面作为反射面，这个反射面只有 5% 左右的太阳光反射，另外 95% 的光和热会全部透过棱镜而散掉。

第二步减光：这 5% 的反射光线再经过一道深色减光玻璃减弱到肉眼可以接受的程度。

赫歇尔棱镜对于太阳黑子观测的爱好者来说，是最理想的选择。其设计方法别出心裁，兼顾了光学精度和安全性，图像对比度和锐度都优于巴德膜。赫歇尔棱镜使用不同的接口，可以给不同口径的望远镜使用。

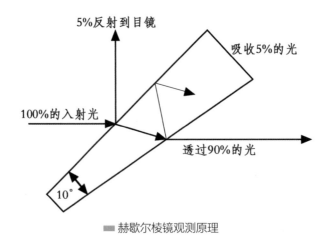

■ 赫歇尔棱镜观测原理

■ 使用赫歇尔棱镜观测太阳及观测结果
中：太阳光透过棱镜到达背面形成光斑。右：在目镜看到的太阳。

虽然赫歇尔棱镜比一般的望远镜前端滤光设备（巴德膜）昂贵，但它的优势是看到的日面比较清晰，太阳光的散射影响小。不过，赫歇尔棱镜也有它的局限性。它只能用于太阳光球层的观测，只能清晰地看到太阳日面和黑子。由于使用赫歇尔棱镜时，望远镜的前端不用加装滤镜，所有的太阳光都通过望远镜到达赫歇尔棱镜，这也就意味着赫歇尔棱镜仅可用于小口径折射式望远镜，而其他类型的望远镜有副镜，主镜聚焦的光和热未经减弱而直接打在副镜上，产生的高温有可能会损坏副镜。

使用日珥镜观测太阳

日珥镜是一种比较特殊的望远镜，它的工艺复杂，成本较高，而能观测的目标只有离我们最近的恒星——太阳。但太阳又是我们唯一能看到表面细节的恒星，它的表面在不停地变化。日珥镜是观测太阳日珥 / 暗条的最佳设备。

日珥镜前端加滤镜，能阻挡太阳的大部分光，常用的日珥镜只让中心波长为 6 562.8 埃的窄带进入望远镜。这条谱线是太阳的一条强发射线，也叫氢阿尔法线或 Hα 线，是由特殊的电子跃迁产生的，使我们能够观测到光球上的太阳结构。由于这个波长在可见光的红光范围内，所以我们通过望远镜可以看到一个红色的太阳。

■ 使用日珥镜（左侧）和日食眼镜（右侧）观看太阳

通过日珥镜，可以看到日面上的有趣现象，如太阳黑子、暗条、谱斑，日面边缘则可以看到形态不一的日珥结构。如果足够幸运，还可以看到耀斑，有些区域忽然变亮，以带状形式（耀斑带）在日面上移动。虽然白光望远镜也可以看到极大的耀斑，但这类耀斑极为罕见，而用 Hα 望远镜就容易多了，一些小的耀斑也能观测到。当然，也有其他波段望远镜可以观测色球，如 CaK（钙的电离线）。这条线比 Hα 线要弱，虽然在太阳科学观测中有重要作用，但就观看体验来说，不如 Hα 线的日珥镜。

使用望远镜对太阳进行观测时，我们有必要先了解使用的设备情况，这里进行简略介绍。

（1）在使用带 GOTO 功能的赤道仪跟踪太阳时，将赤道仪安放在脚架之后，赤道仪的极轴对准北天极（若你的赤道仪极轴已经校准好，可以忽略）。对于太阳这样明亮的目标，且目视放大倍率也不会特别高，尤其是白天也很难对准北天极的情况下，可以简单粗对极轴，先将赤道仪的极轴大致对北，地平轴和你所处的地方纬度一致即可。以上准备完毕后，可以将望远镜正确地安放在赤道仪上，将重锤调至合适位置，与望远镜达到平衡状态。在寻找太阳时，请确保你的巴德膜、赫歇尔棱镜、日珥镜安装准确无误，然后将望远镜对向太阳。

（2）在使用手动赤道仪或手动经纬仪辅助跟踪时，可以直接转向太阳位置（请再次确保你的巴德膜、赫歇尔棱镜、日珥镜安装准确无误），目视观测时会发现太阳在缓慢移动。这和你所使用的目镜倍率有关。倍率越高，太阳在视野里面移动得越快；倍率越低，太阳在视野里面移动得越慢。使用手动赤道仪和手动经纬仪意味着你在观测太阳或其他天体时，需要不断地手动调整望远镜的角度，以达到跟踪目的。如果你要长时间观看太阳，则需要自动跟踪。

（3）关于如何快速寻找太阳。可以先观察望远镜在地面的影子，调整望远镜的角度，使其影子面积达到最小时，基本就已经对准太阳了。当然你也可以看向望远镜的遮光罩，调整赤道仪／经纬仪，使遮光罩在镜筒内的影子基本消失，这种方法也可以让你很快找到太阳。

（4）关于调焦清晰。在观察太阳之前，请再次确认你的滤光设备安装得准确稳固，接下来确认太阳画面是否清晰。在观察太阳黑子或日珥时，可以注意太阳黑子／日珥的细节，先粗调对焦，再细调对焦，直至画面清晰锐利。

望远镜投影法观测太阳

如果你有一个普通的（夜用）望远镜，你就可以用它通过投影法来观测太阳。只要你不在目镜位置朝着望远镜看，这种观测方法就比较安全。如果望远镜的口径不大，投影法观测就不会损坏设备（虽然我们的眼睛不能直视太阳强光，但是望远镜可以处理强光）。如果望远镜口径较大或者望远镜是施密特-卡塞格伦式的，则需要使用滤光片来阻挡一部分光，以防高温损坏望远镜组件之间的黏合剂。用投影法观测太阳时，一定要盖好寻星镜。

若要用望远镜进行投影观测，则需要在望远镜后端加一个低倍目镜，并在离目镜 20~60 厘米的地方放置投影板。对准太阳观测时，可以在投影板上看到太阳的投影，前后移动投影板，直至看到最清晰的太阳。此时太阳图像就在望远镜的焦点上。如果有个挡板可以挡住除了通过望远镜的光，投影的太阳图像就会更加清晰。如果望远镜是固定的，还可以为投影板制作一个支架，以便更长久地欣赏太阳的投影图像。

　　用投影法观测太阳时，进入望远镜的是白光。这与日食眼镜看到的太阳图像类似，只不过把太阳图像放大了。因此，通过这种方法看到的是太阳光球层，可以清晰地看到太阳黑子。早期的太阳观测者，包括伽利略、卡灵顿使用的都是这种方法。

　　投影法观测太阳的优势在于，可以多人同时观看到太阳投影，而通过目镜（一定要确保安全）只能一个一个轮流来观看。另外，如果我们在投影板上放置一张白纸，那么就可以描绘出太阳轮廓和黑子，400 多年前伽利略就是这样手绘黑子的。随后，一代代的太阳观测者也做着类似的工作，保留了珍贵的历史资料，可以让后世的科学家进行太阳活动的长周期研究。因此，这是人类历时最长的科学实验之一。

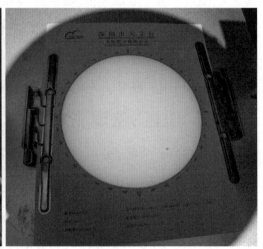

■ 望远镜投影法观测太阳

　　左：望远镜前端加挡板，后端支架固定投影板。

　　右：投影板上的太阳图像，可以清晰地看到日面上的太阳黑子。

利用小孔成像的原理观看太阳

利用小孔成像的原理观看太阳的方法是所有方法中最简单的，但此方法仅限于观测日食（偏食阶段）。日食期间，如果你发现自己没有日食眼镜或太阳观测投影设备，不用担心，穿过小孔的阳光会投射出太阳的形状。只需在纸板上打个小洞，让阳光透过它照射到平面上，投影的形状就会显示出日食的形状。

利用小孔成像的原理观测太阳就是这么简单，甚至你都不需要用纸板，通过漏勺或树叶之间的缝隙都可以看到日食时太阳的形状，你会看见多个小月牙形状的太阳在地面散落着。

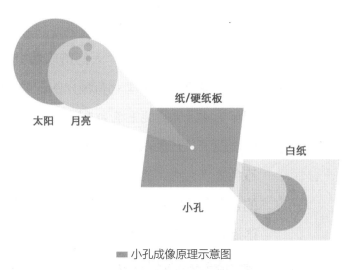

太阳　月亮　　纸/硬纸板　　白纸　　小孔

■ 小孔成像原理示意图

■ 利用小孔成像原理观测日偏食

2

极光及其观测

如果说只有在白天我们才能感受到太阳的温度和亮度，那么晚上，它能给我们带来的则无疑是最梦幻的"欧若拉"——极光。

在历史的长河中，人们赞叹着极光胜景。早在2 000多年前，中国就有极光的记录。比如，《竹书纪年》里提到周昭王统治末期，一个夜晚，北方天空中出现了"五色光"，原文说道"周昭王末年，夜清，五色光贯紫微，其年王南巡不返"。我国传统星象中的紫微星就是北极星，在周昭王南征途中，在北极星附近看到了多种颜色的光，那应该就是极光，这应该是我国最早的极光记录。

公元前4世纪，希腊探险家也有关于极光的记录。但那时并不知道极光是如何产生的，也不知道极光是在云层之上还是云层之下，通常会有"坠落的红色火焰""夜晚的白昼"等描述。如今人们认识到，极光一方面与地球高空大气和地磁场的大规模相互作用有关，另一方面又与太阳喷发出来的高速带电粒子流有关，这种粒子流通常被称为太阳风。

《竹书纪年》中的极光记录

太阳风是来自太阳，并以200～800千米/秒的速度运动的高速带电粒子流。这种物质与地球上的空气不同，不是由分子组成，而是由更简单的比原子还小一个层次的基本粒子——质子和电子等组成。它们流动时所产生的效应与空气流动十分相似，所以称它为太阳风。通常太阳风的能量爆发来自太阳耀斑或其他被称为太阳风暴的现象，来自冕洞和日冕物质抛射的太阳风速度会更大，在被地球磁场俘获后与磁极附近的地球大气层作用产生扰动引起极光现象。太阳风暴扑向地球，点燃夜空中最绚烂的花火。

在得克萨斯州休斯敦观测到的极光

极光通常是鲜艳的绿色，有时会出现蓝色和红色。极光的颜色取决于地球大气中的氮气、氢气和氧气的含量，它们的含量通常与海拔有关，随着海拔的升高，大气层开始变得稀薄，大气的各种特性开始改变。

在 80 ~ 105 千米的高度，稀薄的大气中有一层钠，它会在太阳辐射下进入激发态。到了晚上，大气冷却，钠离子状态还原并辐射出黄色光线（电磁波波长决定颜色）。而高层大气中稀薄的氮、氢、氧会以各种形式结合，产生多种光学透镜效果，从而呈现出多变的"极光秀"。钠层下面的羟基，会形成红色气辉；在钠层上方的氧原子及氮氧化物则会产生明亮的绿色；在这一层的上边缘，

■ 太阳风和地球磁层

当氧原子在夜间合成为氧分子时，又会释放出蓝色光线；在更高的海拔处，激发的氧原子和激发的羟基自由基中的电子轨道下降时，又会产生红色的光芒。

极光的形状多种多样，一般呈带状、弧状、幕状或放射状。从科学研究的角度，人们将极光按其形态特征分成五种：一是底边整齐、微微弯曲的圆弧状的极光弧；二是有弯扭褶皱的飘带状的极光带；三是如云朵一般的片朵状的极光片；四是如面纱一样均匀的帐幔状的极光幔；五是沿磁力线方向的射线状的极光芒。

由于地磁场的作用，这些高能粒子转向极区，所以极光常见于高纬度地区。如美国的费尔班克斯一年有200多天能看到极光；我国最北端的漠河，也有机会观看到极光。

每年冬天，人们会飞到美国阿拉斯加、冰岛和斯堪的纳维亚等地度过"北极光之旅"。据估计，每年大概有10万人到北极观看极光，每名游客在机票、住宿和旅游费用上的总花费通常超过5 000美元。极光之旅与太阳风暴关系不大，在太阳活动平静时也可能看到极光，只要太阳风扰动磁层就有可能产生极光。

随着磁极的位置慢慢偏移至东半球，加之正处于太阳的活跃上升期，2023 年 4 月 24 日我国新疆克拉玛依就记录到极光现象，2023 年 5 月 8 日黑龙江漠河也记录到一次极光现象。我国地磁纬度较低，即便有较强的地磁活动发生时，也很难发生明显的极光现象。极光发生的高度在 100 千米，甚至是 300 ~ 400 千米的高空。如此高的高度，足以跨过上千千米的地平线，所以我们在国内观测极光时建议面向北方的低空方向看，而不是望向头顶的天空。

2023 年 4 月 24 日 02 时到 08 时，发生 Kp 指数 ❶ 为 8 的特大地磁暴。作者当时在澳大利亚，得知国内有人于凌晨在新疆记录到极光现象后，当天便驱车前往邓布尔扬湖（南纬 33°），记录到了正在消退中的极光，图中靠近地平线附近的红色光就是极光。

---

❶ Kp 指数即全球磁场指数，反映的是每三个小时地球磁场活动的情况，数值越大对应的地磁活动越强。

■ 澳大利亚的极光

拍摄：曾跃鹏。

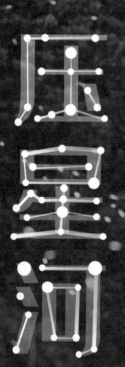

满船清梦

压星河

■深圳市天文台萤火虫
拍摄：曾跃鹏。拍摄时间：2021 年 7 月 7 日。

第六章

星空画廊

■ 西涌萤火虫

拍摄：曾跃鹏 A7M3 + 85mm F1.8 共 253 张叠加 拍摄时间：2022 年 5 月 26 日

■ 星迹下的天文台圆顶

　拍摄：李德铼。拍摄时间：2019 年 10 月 22 日。

■ 深圳市天文台夏季银河

　　拍摄：李德铢。拍摄时间：2021 年 7 月 13 日。

■ 月升天文台

拍摄：曾跃鹏。拍摄时间：2022 年 7 月 12 日。

■ 2022 年英仙座流星雨

拍摄：曾跃鹏。英仙座流星雨是以英仙座 γ 星附近为辐射点出现的流星雨，也称英仙座 γ 流星雨。每年在 7 月 20 日至 8 月 20 日前后出现，于 8 月 13 日凌晨达到极大。与 1 月 4 日的象限仪座流星雨、12 月 14 日的双子座流星雨并称为北半球三大流星雨。这是 2022 年 8 月 15 日在深圳市天文台拍摄的英仙座流星雨，当晚月光很强，月光将地面照得十分明亮，画面中有颗很亮的流星划过，但它并不是英仙座流星雨的群内流星，而是一颗偶发流星。

■ 星 轨

拍摄：李德铼。拍摄时间：2019 年 3 月 12 日。星轨是在
长时间曝光中，由星产生的持续移动轨迹。

a. 2022 年英仙座流星雨

拍摄：曾跃鹏。这是在 2022 年 8 月 13 日晚拍摄的英仙座流星雨，在这个画面中，我们可以将流星反向延伸过去，可以发现它们会汇聚在某一个"点"上，这个"点"我们称为"流星雨辐射点"。

a | b
  | c
  | d

b. 蛾眉月

　　拍摄：曾跃鹏。拍摄时间：2022 年 12 月 24 日农历初二。

c. "暖夜灯柱"

　　拍摄：曾跃鹏。"暖夜灯柱"是一种罕见的大气现象，形成原因是高空的温度降低出现很多冰晶，同时这些冰晶处于平卧状态，在高空形成了一面巨大的镜子，将地面／海上的灯光反射到夜幕中，这就是"暖夜灯柱"。

d. 深圳市天文台星轨

　　拍摄：李德铼。拍摄时间：2019 年 9 月 22 日。

■极 光
　拍摄：深圳市天文学会 徐连达。